七彩数学

姜伯驹 主编

QICAISHUXUE

数学的力量

——漫话数学的价值

李文林 任辛喜□著

科学出版社

北京

内 容 简 介

数学是一门什么样的学问？它对人类有什么价值？它的力量何在？这本书将从历史与文化相结合的视角来漫谈数学的价值，展示数学的力量.

本书史例丰富,文字浅显,适合中学及以上文化程度的数学爱好者阅读.

图书在版编目(CIP)数据

数学的力量:漫话数学的价值/李文林,任辛喜著. —北京:科学出版社,2007

(七彩数学)

ISBN 978-7-03-017883-1

Ⅰ.数… Ⅱ.①李…②任… Ⅲ.数学-通俗读物 Ⅳ.O1-49

中国版本图书馆 CIP 数据核字(2007)第 099666 号

责任编辑:吕 虹 陈玉琢 莫单玉/责任校对:刘亚琦

责任印制:赵 博/封面设计:王 浩

科学出版社出版

北京东黄城根北街 16 号

邮政编码: 100717

http://www.sciencep.com

北京建宏印刷有限公司印刷

科学出版社发行 各地新华书店经销

*

2007 年 3 月第 一 版 开本:890×1240 1/32

2024 年 5 月第五次印刷 印张:3 5/8

定价:35.00 元

(如有印装质量问题，我社负责调换)

丛书序言

2002年8月,我国数学界在北京成功地举办了第24届国际数学家大会.这是第一次在一个发展中国家举办的这样的大会.为了迎接大会的召开,北京数学会举办了多场科普性的学术报告会,希望让更多的人了解数学的价值与意义.现在由科学出版社出版的这套小丛书就是由当时的一部分报告补充、改写而成.

数学是一门基础科学.它是描述大自然与社会规律的语言,是科学与技术的基础,也是推动科学技术发展的重要力量.遗憾的是,人们往往只看到技术发展的种种现象,并享受由此带来的各种成果,而忽略了其背后支撑这些发展与成果的基础科学.美国前总统的一位科学顾问说过:"很少有人认识到,当前被如此广泛称颂的高科技,本质上是数学技术".

在我国,在不少人的心目中,数学是研究古老难题的学科,数学只是为了应试才要学的一门学科.造成这种错误印象的原因很多.除了数学本身比较抽象,不易为公众所了解之外,还有学校教学中不适当的方式与要求、媒体不恰当的报道等等. 但是,从我们数学家自身来检查,工作也有欠缺,没有到位. 向社会公众广泛传播与正确解释数学的价值,使社会公众对数学有更多的了解,是我们义不容辞的责任. 因为数学的文化生命的位置,不是积累在库藏的书架上,而应是闪烁在人们的心灵里.

20 世纪下半叶以来,数学科学像其他科学技术一样迅速发展. 数学本身的发展以及它在其他科学技术的应用,可谓日新月异,精彩纷呈. 然而许多鲜活的题材来不及写成教材,或者挤不进短缺的课时. 在这种情况下,以讲座和小册子的形式,面向中学生与大学生,用通俗浅显的语言,介绍当代数学中七彩的话题,无疑将会使青年受益. 这就是我们这套丛书的初衷.

这套丛书还会继续出版新书,我们诚恳地邀请数学家同行们参与,欢迎有合适题材的同志踊跃投稿. 这不单是传播数学知识,也是和年青人分享自己的体会和激动. 当然,我们的水平有限,未必能完全达到预期的目标. 丛书中的不当之处,也欢迎大家批评指正.

姜伯驹

2007 年 3 月

目　　录

引　　言

知识就是力量．数学作为最古老的知识领域之一，在人类文明的进化中发挥着无可替代的巨大威力．

数学在大自然和我们的生活中无处不在，数学与人类社会的发展息息相关．然而数学的力量往往是潜在的，数学的作用往往是无形的．

当你凝视着夜空，是否认识到无数天体的行踪，可以通过数学来计算、描绘？

当你乘坐超音速客机外出旅行，是否知道现代飞行器设计所依赖的数学原理？

当你倾听着收音机中的新闻广播，是否了解漫空飞舞的电磁波的最初发现，应归功于一组数学方程式的推导？

当你流连于博物馆和美术馆，惊叹着那一幅幅精美逼真的名画，是否能觉察到数学与艺术的美妙联系？

当你去医院检查身体，是否想到一些使用广泛的医疗诊断仪器的发明，也会涉及高深的数学？

甚至当你彷徨商海股市，是否相信借助数学可以帮助你避险赢利，运筹制胜？

……

在大多数场合，数学扮演的是无名英雄，而在许多人心目中，数学是一堆数字和公式，抽象、深奥，甚至神秘.

那么，数学是一门什么样的学问？它对人类有什么价值？它的力量何在？

这本小册子将从数学的历史与文化相结合的视角来漫谈数学的价值，展示数学的力量.

数学是科学的皇后. 数学以抽象的形式，追求高度精确、可靠的知识，成为人类思维方法的一种典范，并日益渗透到其他知识领域，此乃数学影响人类文化的突出方面之一.

数学又是科学的女仆. 在对宇宙世界和人类社会的探索中，数学具有追求最大限度的一般性模式的倾向. 这种倾向使数学具有了广泛的适用性. 数学越来越成为一种普遍的科学语言与工具，在为其他科学服务，推动其他科学和整个文化的进步方面起着巨大作用.

数学是推动生产发展的知识杠杆. 历次产业革命的主体技术都有数学应用的背景. 数学在促进社会物质文明进步和改变人们生活方式方面的威力不容低估.

数学是人类思想革命的有力武器,数学的推理与计算对人们世界观的变革往往具有决定性的意义. 数学对人类精神文明也有深刻影响.

数学是促进艺术的文化激素. 作为一种创造性活动,数学本身具有艺术的特征,即对美的追求. 一些形式简洁、结构完美的数学概念和原理,激发、启迪着艺术创作的灵感,成为艺术领域永不枯竭的美的源泉.

总之,作为一门科学的数学所表现出的文化特征,决定了其在人类文明史上的独特地位. 作为人类文化的重要组成部分,数学一方面受着社会经济、政治和文化等诸多因素的影响,但另一方面,在其漫长的发展过程中,数学又始终作为一种重要力量,推动着人类物质文明和精神文明的进步,其理性之光照亮了整个人类文明的历程.

1 科学的皇后

数学是一门基础学科，是关于数量关系和空间形式的科学，简言之即关于数与形的学问，而数与形可以说无所不在，这就是为什么数学正空前广泛地向几乎一切人类知识和活动领域渗透，对此我们后面会有更多的讨论. 这里首先要强调的是，除了数学知识的直接广泛的应用，数学对于人类社会还有一个重要的文化功能，就是培养发展人的思维能力特别是精密思维能力. 一个人不管将来从事何种职业，思维能力都可以说是无形的财富，而这种能力的培养又不是一朝一夕之功，必须有长时期的磨练. 数学，正像人们常说的那样，是训练思维的体操.

那么什么是数学思维或精密思维呢？数学思维包括很多方面，归纳、类比、演绎、计算等，但概括地和通俗地说，数学思维作为精密思维，最基本的两大方面应该是“证”和“算”．“证”就是逻辑推理与演绎证明；“算”就是算法构造与计算，二者对人类精密思维的发展都不可或缺．对“算”大家可能比较容易感受．我们在生活或工作中遇到问题常常会说需要“算一算”，数学家则更是追求解决问题的一般算法．从简单的三角形面积算法到描述各种自然和社会现象的复杂的方程的求解，定量化的方法已经渗透到各行各业．

这里主要说一说“证”．从几条不言自明的公理出发，通过逻辑的链条，推导出成百上千条定理．这种思维模式是古希腊数学家欧几里得的《原本》首先开创树立的．这本两千多年前的系统论著是数学史上的第一座理论丰碑，其最大功绩是确立了数学中的演绎论证范式．它以为数不多的几条公设或公理(如：“一条有限直线可以不断延长”、“等量加等量和相等”等)作为全书推理的出发点，这些公设或公理都是人们根据长期实践经验而认为毋需证明的基本事实．这是历史上第一个数学公理体系，为人们提供了将知识条理化和严密化的有效手段.《原本》因而成为在整个科学史上流传最广的著作之一,被誉为西方科学的"圣经".中国明代学者徐光启与意大利传教士利玛窦合作翻译了《原本》前 6 卷,并定名《几何原本》.徐光启评价该书说:"此书有四不必:不必疑,不必揣,不必试,不必改.有四不可得:欲脱之不可得,欲驳之不可得,欲减之不可得,欲前后更置之不可得.有三至三能:似至晦,实至明,故能以其明明他物之至晦;似至繁,实至简,故能以其简简他物之至繁;似至难,实至易,故能以其易易他物之至难.易生于简,简生于明,综其妙在明而已."

古希腊人为研究几何发展出来的这种演绎思维方法,其影响所及远远超出了数学乃至科学的领域,对人类社会的进步和发展有不可估量的作用.

举一个大家比较感兴趣的例子.法国大革命形成两部基础文献《人权宣言》和《法国宪法》,是资产阶级民主革命思想的结晶.《人权宣言》开宗明义:

"组成国民议会的法国人民的代表们……决定把自然的、不可剥夺的和神圣的人权阐明

于庄严的宣言之中，以便……公民们今后以简单而无可争辩的原则为根据的那些要求能经常针对着宪法与全体幸福之维护.”

而后来(1791 年)公布的《法国宪法》又将《人权宣言》置于篇首作为整部宪法的出发点.

无独有偶，美国独立战争所产生的《独立宣言》开头也说：

“我们认为下述真理乃是不言而喻的：人人生而平等，造物主赋予他们若干固有而不可让与的权利，其中包括生存权、自由权以及谋求幸福之权.”

这个宣言试图向人们“证明”美国人民反抗大英帝国的压迫、争取独立的斗争是合理的：“所有的人生来都是平等的”，这是不言而喻的真理. 因此，任何政府如果违背这样的真理，“人民就有权撤换或废除它”. 英王乔治的政府不履行这些条款，“我们就从正当的权利出发，宣布这些联合起来的殖民地是自由的和独立的国家.”

把大家认为“简单而无可争辩的原则”和“不言而喻的真理”作为出发点，用数学的语言，就是从公理出发. 显然，领导法国大革命和美国独立战争的思想家、政治家们都接受了欧几里得数学思维的影响. 事实上,有记载说美国南北战争时期的总统林肯相信“思维能力像肌肉一样也可以通过严格的锻炼而得到加强……”. 为此他想方设法搞到了一本欧几里得的《原本》并下决心亲自证明其中的一些定理,1860年他还自豪地报告说他已基本掌握了《原本》的前六卷.

18世纪马尔萨斯的“人口论”也体现了欧几里得的演绎模式. 他把下面两个公设作为其人口理论的出发点:人需要食品;人的生育能力不变. 然后,他对人口增长和食品供求增长进行分析并建立了该理论的数学模型. 人们只要承认他的理论前提,并且挑不出论述的逻辑推理错误,就不能不赞同他的理论. 借用数学的演绎精神,马氏无疑增强了“人口论”的说服力. 因此,这套人口理论对世界许多国家的人口政策甚至其他的基本国策都产生过很大的影响.

这样的例子在自然科学和社会科学中不胜枚举.

牛顿所创立的经典力学,就是一个仿照欧几里得的几何《原本》、并可以与其相媲美的逻辑演绎体系. 牛顿早期的数学研究并没有多少几何背景. 他发明微积分,主要是依靠了高度的归纳算法的能力. 但牛顿后来对自己早年未学好欧氏几何颇感后悔,在工作中对演绎方法日趋重视,其结果是科学巨著《自然哲学的数学原理》(1687)中的力学体系. 在《原理》中,牛顿首先提出了四条法则、八个原始定义、三条定律,然后通过严密的逻辑推理,得出了大至宇宙、小至沙粒的运动定律,成为科学理论体系的近代楷模. 牛顿本人在《原理》第一版序言中盛赞几何演绎的作用道:"从极少数原理出发,而能推出如此丰富的结果,这正是几何学的光荣."美国的政治先贤们都深受牛顿思想体系的影响,富兰克林、亚当斯、杰弗逊都习惯于用牛顿的力学理论模式来考虑政治平衡. 古典经济学家亚当·斯密、马尔萨斯、李嘉图都认为自己是像牛顿那样的科学家. 马克思曾研究过他们的学说,并称赞李嘉图"具有科学的诚实".

爱因斯坦的相对论实质上也是采用了公理化形式. 其狭义相对论中只有两条公理:

(1) 相对性原理——自然定律对于惯性系都是一致的. 该原理在数学上相当于说自然定律对于一定的坐标变换(具体而言就是罗伦兹变换)保持不变.

(2) 光速不变原理——在任何给定的惯性

系统中，无论发光物体是处于静止状态还是在作匀速运动，光在真空中的传播速度都是一个确定值.

从这两条原理构成的公理化演绎体系，推演出了时空的相对性、运动物体的空间收缩和时间变慢、质量增加效应等结论. 这些都突破了牛顿的绝对时空观的局限，打开了认识单个高速物体的各种内在性质和运动规律的大门，谱写了物理学的新篇章. 为了进一步克服狭义相对论的种种局限性(如惯性系的优越性，速度是相对的但加速度是绝对的等)，搞清楚惯性质量和引力质量的关系，爱因斯坦又推广了相对性原理，要求“普遍的自然定律是由那些对任何坐标系都有效的方程来表示的，就是说，它们对于无论哪种坐标变换都是协变的.”这个广义相对性原理也叫广义协变原理. 以此作为新公理，爱因斯坦建立了广义相对论的物理体系. 可见公理的选择在科学理论创新过程中的重要性.

又比如社会科学中，针对传统的行政理论认为政府官员是大公无私的利他主义者，公共选择学作出“经济人”假设，即人是自利的、理性的功效最大化者；而对立的梅奥学派提出“社会

人”假设,建立了人际关系学派和行为科学理论. 冠有“社会学之父”的荣誉称号的孔德,早在19世纪就遵循牛顿力学的方法来研究社会学,提出社会静力学和社会动力学的概念,主张在社会学中使用数学证明工具,他说:“社会学家也像其他人一样,唯有从数学中才能获得真正科学证明的意识,形成合理和决定性推理的习惯……为了克服社会科学中的重大困难而接受并运用这种训练,正是社会学家必需向数学寻求的东西.” 孔德作为法国综合技术学校的毕业生,从前辈们那里受到了很好的数学训练. 这种得天独厚的数学背景无疑影响到他的研究模式. 正是他把全部科学分为三个层次:最原始的有数学和天文学,其次是中层的物理、化学和生物学,最后是复杂的社会学. 孔德同时也是实证主义哲学派别的创始人,在19世纪科学界影响巨大.

二战后的社会学有一个结构-功能学派影响最大,所用的数学工具涉及结构数学思想、应用系统和结构的概念澄清了许多过去的糊涂概念,给社会学注入了科学性. 就像自然科学中的力和能一样,一些基本概念用来探讨各种社会情况和社会类型,进而建立普遍的行为理论来分析所有的社会行为. 社会学家就可以借此区分不同种类的行为,讨论其复杂程度,并对表面上不同的现象作适当的比较.

经济学号称是“社会科学的女皇”,不仅量化的内容很多,而且使用数学公理化方法和严格推理进行理论分析也已经司空见惯. 事实上,数学公理化方法已成为经济学研究的基本方法. 正如德布罗(G. Debreu)在他的诺贝尔经济学奖获奖演说中所说:“坚持数学严格性,使公理化已经不止一次地引导经济学家对新研究的问题有更深刻的理解,并使适合这些问题的数学技巧用得更好. 这就为向新方向开拓,建立了一个可靠的基地. 它使研究者从必须推敲前人工作的每一细节的桎梏中解脱出来. 严格性无疑满足了许多当代经济学家的智力需要,因此,他们为了自身的原因而追求它,但是作为有效的思想工具,它也是理论的标志.”

上述例子是很有代表性的,说明了数学公理化思维、逻辑论证思维对人类科学、文化和社会进步的影响. 这里我们再补充一个关于20世纪最伟大的数理逻辑学家——哥德尔的轶闻.

哥德尔出生于奥地利,后来移居到德国,20世纪40年代因逃避纳粹的迫害而来到美国,受聘于普林斯顿高等研究所，也就是爱因斯坦工作的地方．从此他俩成为非常要好的朋友，每天上下班的路上都要交流一番思想．1948 年的一天，哥德尔要参加加入美国国籍的入籍考试，爱因斯坦和他们的另一位朋友、著名经济学家摩根斯坦作为见证人陪同前往．为此，哥德尔以其特有的刨根问底的方式，事先“逻辑地”阅读了美国宪法并在考前一天打电话给摩根斯坦，有点惊愕却又十分激动地说，他在美国宪法中发现了一个逻辑漏洞，而它可以使美国变成一个专制国家．摩根斯坦安慰哥德尔：说他发现的可能性带有很大的假想成分，且关系极其间接，并特意叮嘱他见了法官千万别提此事．第二天一早，三人驱车直奔新泽西州府的联邦法院．当面试的法官看到两位赫赫有名的见证人时简直惊呆了，破例让他们在考试中一直坐着．法官开门见山地对哥德尔说：“到目前为止你一直拥有德国国籍．”哥德尔立即纠正说他是奥地利人．法官继续说道：“不管怎么说，那个国家曾在罪恶的专制制度下……不过幸运的是，这在美国是不可能的．”当“专制”这个词像变戏法一样蹦出来的时候，哥德尔立即大声反驳道：“不，恰恰相反，我知道这如何可能发生．

而且我可以证明它!”据说,当时不但陪同的爱因斯坦和摩根斯坦替他着急,就连法官也在努力让哥德尔平静下来,以免他当场较真论证起来.

哥德尔的论证天才当然非常人所及,因此他能在美国的法律“鸡蛋”里挑出“骨头”. 在外人看来这种做法未免有些迂腐,但正是这种几近成癖的严密风格,使他发现了 20 世纪最震撼科学界的一个定理——哥德尔不完全性定理. 这个定理的深远意义,可能需要几代人去慢慢地消化. 至于哥德尔发现的、被摩根斯坦认为“带有很大假想成分”的美国宪法的逻辑漏洞,若干年后竟在诺贝尔经济学奖得主的工作中获得印证. 1952 年,美国经济学家阿罗(K. Arrow)提出了经济学中的所谓“不可能性定理”,严格地论证了西方民主制度与专制独裁之间并无鸿沟. 阿罗的工作获得了 1972 年诺贝尔经济学奖.

上面谈到的理性论证思维可以归属于数学精神的范畴. 当然,数学精神是个更广泛的概念,既有严谨、求实、可靠的精神,也有诚实、求是、公正的科学人文意义. 在爱因斯坦眼里,“为什么数学比其他一切科学受到特殊尊重,一个理由是它的命题是绝对可靠的和无可争辩的”,另一个理由是“数学给予精密自然科学以某种程度的可靠性,没有数学,这些科学是达不到这种可靠性的”. 而当牛津大学法律系,或美国西点军校设制数学课程时,他们更注重这门课程的品格,即能使人杜绝偏见,客观公正,不屈服于权贵和权威,坚持原则,忠于真理,具有独立的人格等,而不仅仅是着眼于数学在本专业领域的技术意义. 这与古希腊培养社会、经济、政治人才的柏拉图学院门口竖着“不懂几何者不得入内”的告示,无疑具有异曲同工之妙.

世界著名的智囊集团美国兰德公司总要聘用许多数学家为其服务. 据统计,兰德公司有五分之一到四分之一的成员是学数学的. 著名数学家冯·诺伊曼(von Neumann)在美国的原子能委员会以及各种基金会工作过,参与许多高级决策,以致后来流传一句话:重大事项决策先问问冯·诺伊曼,其受人尊重之处很大程度是在于他的数学思维方式.

德国大数学家、号称“数学王子”的高斯曾说:“数学是科学的皇后”. 从以上所述足见,就数学为人类提供精密思维的典范而言,“科学的皇后”这顶桂冠,数学是当之无愧的.

2 科学的女仆

高斯的名言“数学是科学的皇后”几乎可以说家喻户晓，但许多人可能不知道，高斯跟这句话一起说了一段话，有人把高斯这段话的意思概括为两句话：“数学是科学的皇后，数学也是科学的女仆.”可以这样理解，前一句话突出数学是精密思维的典范，后一句则强调数学为其他科学服务，是其他科学的工具. 非常形象和恰当地反映了数学的价值和作用.

享有“近代自然科学之父”之称的伽利略认为，展现在我们眼前的宇宙像一本用数学语言写成的大书，如果不掌握数学，就如同在黑暗的迷宫里游荡，什么也看不清楚.

高斯、伽利略都是数学家，我们再看看一些

非数学家的观点. 德国哲学家康德曾经这样说道:

“我坚决认为,任何一门自然科学,只有当它数学化之后,才能称得上是真正的科学.”

无产阶级革命导师马克思也说过:

“一种科学只有在成功地运用数学时,才算达到了真正完善的地步.”

的确,任何精密的思维都得靠精确的语言进行表述. 数学恰恰能以其不可比拟的、无法替代的语言(概念、公式、定理、算法、模型等)对科学的现象和规律进行精确而简洁的表述.

科学史上有大量的例子可以印证高斯和马克思等人的上述观点. 自然科学以外的其他学科也正在证明数学语言的普遍适用性.

下面以物理学、生物学和经济学等三个学科领域为例作进一步的说明.

数学与物理学

数学与物理学包括力学的关系源远流长. 数学的大部分内容,包括微积分在内,基本上是在与物理学和力学的联系中发展的. 物理学家处理的问题，从数学的角度看往往是极其有趣、困难和富有挑战性的．因此，寻求这些问题的答案及其解决方法一直是数学的活力的来源，这一点连孤傲的“纯粹”数学家哈代也赞同，他甚至把麦克斯韦、爱因斯坦等人都视为数学家．

早在17世纪，牛顿就是数学与物理、力学紧密结合的化身．牛顿发明微积分具有明显的运动学背景，其“流数”(fluxion，即导数)概念就是以速度为原型的．反过来，微积分成为牛顿解决天文、力学问题的有力武器．特别是在《自然哲学的数学原理》一书中，牛顿借助微积分证明了在与到引力中心的距离平方成反比的引力作用下，被吸引天体必沿椭圆轨道运行，而引力中心在其一个焦点上(当初始速度足够大时，物体也可能沿其他圆锥曲线——抛物线或双曲线——运动)．事实上，牛顿使全部开普勒的行星运动经验定律变成为严密的数学推论，在世人面前打开了一本地道用数学语言写成的宇宙之书．18世纪的数学家们继续谱写着这本宇宙之书．到19世纪，这本书的内容扩充到了电学和电磁学，而进入20世纪以后，随着物理学的发展，数学相继在应用于相对论、量子力学以及基本粒子理论等方面取得了一个又一个突破．

在狭义相对论和广义相对论的创立过程中,数学都建有奇功. 1907 年,德国数学家闵可夫斯基(H. Minkowski,1864～1909)提出“闵可夫斯基空间”,即将时间和空间融合在一起的四维时空. 闵可夫斯基几何为爱因斯坦狭义相对论提供了合适的数学模型. 有了闵可夫斯基时空模型后,爱因斯坦又进一步研究引力场理论以建立广义相对论. 1912 年夏,他已经概括出新的引力理论的基本物理原理,但为了实现广义相对论的目标,还必须寻求理论的数学结构,一个很重要的要求是使引力定律在坐标变换下保持不变(即所谓协变). 爱因斯坦为此徘徊徬徨了 3 年时间,最后在他的大学同学数学家格罗斯曼(M. Grossman)介绍下学习掌握了意大利数学家勒维-奇维塔等在黎曼几何基础上发展起来的绝对微分学,亦即爱因斯坦后来所称的张量分析,并很快发现这正是建立广义相对论引力理论的合适的数学工具. 在 1915 年 11 月 25 日发表的一篇论文中,爱因斯坦终于导出了广义协变的引力方程

$$R_{\mu\nu}=-\kappa\left(T_{\mu\nu}-\frac{1}{2}g_{\mu\nu}T\right)\ (g_{\mu\nu}\text{ 是黎曼度规张量})$$

爱因斯坦指出,“由于这组方程,广义相对论作

为一种逻辑结构终于大功告成”.广义相对论这幢大厦现在可以盖上金顶了,而这个金顶依靠的恰恰是数学.

后来,在回顾这段历史时,爱因斯坦坦率地承认了他过去轻视数学是一个极大的错误,他反省道:“在几年独立的科学研究之后,我才逐渐明白了在科学探索的过程中,通向更深入的道路是同最精密的数学方法联系在一起的.”这是爱因斯坦自己的话.是作为一个科学家的深切体会.

根据爱因斯坦的引力场方程从数学上推导出来的结论,有一些后来被实验证实了,例如光线在引力场中的弯曲行为(1919 年一次日全食过程中观察到的星光弯曲曾轰动世界).按照爱因斯坦理论空间是弯曲的,上列方程中的未知量是度规张量 $g_{\mu\nu}$,空间的形式是靠这个张量来描述的,一旦知道了空间的物质分布,从理论上就可解出这些度规张量,这个空间的形式也就知道了.按照微分几何学,一般情况下解出的空间曲率是不等于零的,曲率不等于零表示空间有弯曲,但是空间弯曲的理论在爱因斯坦以前数学家们就已经创造出来了,那就是在 19 世纪初叶高斯和俄国数学家罗巴切夫斯基、匈牙利数学家波约等人创立并经黎曼等人发展的非欧几何学. 高斯曾称这种几何为“星空几何”,罗巴切夫斯基也坚信自己发现的新几何总有一天“可以像别的物理规律一样用实验来检验”,爱因斯坦的广义相对论恰恰揭示了非欧几何的现实意义,成为历史上数学应用最精彩的例子之一.

爱因斯坦的广义相对论后来又有了很大的发展,这些发展大都也与数学密切相关,可以说是物理学家和数学家共同努力的结果. 最突出的如英国剑桥大学应用数学系霍金教授,霍金用数学方法严格证明了爱因斯坦方程中奇点的存在性,并据而发展了宇宙大爆炸理论和黑洞学说,这些理论深刻地影响着人类的时空观和宇宙观,在社会公众中引起了极大的兴趣. 霍金于 2002 年国际数学家大会期间在中国北京、杭州等地做通俗报告讲解他的宇宙理论,可以说在当时公众中引起了一场不小的数学热.

20 世纪数学应用与物理学的另一项经典成果是量子力学数学基础的确立. 我们知道,20 世纪初,普朗克、爱因斯坦和玻尔等创立了量子力学,但到 1925 年为止,还没有一种量子理论能以统一的结构来概括这一领域已经积累的知识,当时的量子力学可以说是本质上相互独立的、有时甚至相互矛盾的部分的混合体. 1925年有了重要进展,由海森堡建立的矩阵力学和由薛定谔发展的波动力学形成了两大量子理论,而进一步将这两大理论融合为统一的体系,便成为当时科学界的当务之急. 恰恰在这时,数学又起了意想不到但却是决定性的作用. 1927年,希尔伯特和冯·诺伊曼等合作发表了论文《论量子力学基础》,开始了用积分方程等分析工具来统一量子力学的努力. 在随后两年中,冯·诺伊曼又进一步利用他从希尔伯特关于积分方程的工作中提炼出来的抽象希尔伯特空间理论,去解决量子力学的特征值问题并最终将希尔伯特的谱理论推广到量子力学中经常出现的无界算子情形,从而奠定了量子力学的严格的数学基础. 1932年,冯·诺伊曼发表了总结性著作《量子力学的数学基础》,完成了量子力学的公理化.

现在越来越清楚,希尔伯特20世纪初关于积分方程的工作以及由此发展起来的无穷维空间理论,确实是量子力学的非常合适的数学工具. 量子力学的奠基人之一海森堡后来说:“量子力学的数学方法原来就是希尔伯特积分方程

理论的直接应用，这真是一件特别幸运的事情！”而希尔伯特本人则深有感触地回顾道：“无穷多个变量的理论研究，完全是出于纯粹数学的兴趣，我甚至管这理论叫谱分析，当时根本没有预料到它后来会在实际的物理光谱理论中获得应用”.

抽象的数学成果最终成为其他科学新理论的仿佛是事先定做的工具，在20世纪下半叶又演出了精彩的一幕，这就是大范围微分几何在统一场论中的应用. 广义相对论的发展，逐渐促使科学家们去寻求电磁场与引力场的统一表述，这方面第一个大胆的尝试是数学家外尔在1918年提出的规范场理论，外尔自己称之为“规范不变几何”. 统一场论的探索后来又扩展到基本粒子间的强相互作用和弱相互作用. 1954年，物理学家杨振宁和米尔斯(R. L. Mills)提出“杨-米尔斯理论”，揭示了规范不变性可能是所有四种(电磁、引力、强、弱)相互作用的共性，开辟了用规范场论来统一自然界这四种相互作用的新途径. 数学家们很快就注意杨-米尔斯理论所需要的数学工具早已存在，物理规范势实际上就是微分几何中纤维丛上的联络，20世纪三四十年代以来已经得到深入的研究. 不仅如此，人们还发现规范场的杨-米尔斯方程是一组在数学上有重要意义的非线性偏微分方程. 1975 年以来，对杨-米尔斯方程的研究取得了许多重要结果.

这里值得一提的是，对微分几何纤维丛理论作出重大贡献的数学家中，恰恰也有一位华裔学者，他就是现代微分几何大师陈省身. 早在 1943～1944 年在普林斯顿高等研究所作研究员时，陈省身就在微分几何领域解决了当时“最重要和最困难”的问题——给出了高斯-博内公式一个新的内蕴证明，进而发现了“陈示性类”，将微分几何带入了一个新纪元. 当杨振宁 1954 年发表关于规范场的研究结果时，杨和陈先后几个时期都生活在同一城市，又是好友，时常讨论各自的工作，开始却都没有意识到他们的工作相互间有密切的关系. 20 世纪 60 年代末期，杨振宁察觉到物理学中的规范场强度和数学中的黎曼几何曲率有极密切的关系. 经过一番努力，他终于弄明白了微分几何的纤维丛和其上的“联络”等基本概念，并分析出麦克斯韦理论和非阿贝尔规范场论与纤维丛的关系，读懂了陈省身-韦伊定理. 杨振宁说他在搞清楚这个深奥美妙的定理后，真有一种触电的感

觉，忽然间领悟到，客观的宇宙奥秘与纯粹按优美这一价值观发展出来的数学观念竟然完全吻合．他在一次纪念爱因斯坦诞生一百周年的会议上讲道：

“在 1975 年，明白了规范场和纤维丛理论的关系之后，我开车到陈省身教授在伯克利附近的艾尔塞雷托(El Cerrito)寓所．我们谈了许久，谈到朋友、亲人以及中国．当话题转到纤维丛时，我告诉陈教授，我终于从西蒙斯那里明白了纤维丛理论和陈省身-韦伊定理的美妙．我说，物理学的规范场正好是纤维丛上的联络，而后者是在不涉及物理世界的情况下发展出来的，这实在令我惊异．我还加了一句：‘这既使我震惊，也令我迷惑不解，因为你们数学家是凭空梦想出这些概念．’他当时马上提出异议：‘不，不．这些概念不是梦想出来的．它们是自然的，也是实在的．’”

另一位诺贝尔物理学奖获得者温伯格(S. Weinberg)也曾惊叹过数学与物理的巧合，他认为这是不可思议的：当一物理学家得到一种思想时，然后却发现在他之前数学家已经发现了．他举的一个典型的例子是关于群论的．

群论是 19 世纪早期法国天才数学家 E. 伽

罗瓦发明的，目的是解决任意多项式方程的根式可解性问题. 历史上当2次方程及顺次而来的3次方程，4次方程成功地用根式解出后，数学家们曾坚定地相信5次方程也能类似地求解. 两个世纪后，J. 拉格朗日才首先意识到这是不可能的；又过了半个世纪，N. 阿贝尔证明了一般的5次方程不可能用根式求解. 那么，什么样的方程才能用根式来求解呢？伽罗瓦完满地回答了这问题. 他用群的概念来刻画根的置换对称性. 伽罗瓦的置换群后被发展为一般的抽象群，这是数学中最深刻、影响最深远的概念之一. 特别是，物理学家们发现群论正是他们所需要的描述一般对称性的精确语言：空间平移不变直接导出粒子的动量守恒，转动对称性则导出角动量守恒，而能量守恒则是时间平移不变的结果. 对称性维持着自然世界的秩序，群的重大意义就不言而喻了. 事实上，早在19世纪末，群论已被用于晶体结构的研究. 到了20世纪，群论更出人意料地成为研究基本粒子的法宝. 然而正如以上所看到的，伽罗瓦当初的动机完全是数学内部的，如今他的发明却不仅深入到数学的每个领域，而且已成为自然科学许多分支中的非常适用的语言.

数学与生命科学

在恩格斯写作《自然辩证法》的时代(19世纪七八十年代),数学还只是主要应用于力学、物理学和部分工程领域. 至于像生物学这样的领域,正如恩格斯指出的那样,当时数学在其中的应用几乎“等于零”. 但是,今天数学在生物科学各分支的应用已今非昔比,甚至产生了生物数学这样的边缘学科. 生物学正在成为当今最振奋人心的科学前沿之一,人们甚至预言21世纪是生物学的世纪,当代生物学这种欣欣向荣的局面,与数学的汗马功劳也是分不开的.

将数学方法引进生物学研究大约始于20世纪初,英国统计学家皮尔逊(K. Pearson,1857～1936)首先将统计学应用于遗传学与进化论,并于1902年创办了《生物统计学》,统计方法在生物学中的应用变得日趋广泛.

1926年,意大利数学家伏尔泰拉提出著名的伏尔泰拉方程:

$$\frac{\mathrm{d}x}{\mathrm{d}t}=ax-bxy$$

$$\frac{\mathrm{d}y}{\mathrm{d}t} = cxy - dy$$

用以成功解释了生物学家在地中海观察到的不同鱼类周期消长的现象(上述方程中 x 表示食饵即被食小鱼数，y 表示捕食者即食肉大鱼数)，从此微分方程又成为建立各种生物模型的重要手段. 用微分方程建立生物模型在 20 世纪中叶曾获得轰动性成果，这就是描述神经脉冲传导过程的数学模型霍奇金-哈斯利(Hodgkin-Huxley)方程(1952)和描述视觉系统侧抑制作用的哈特莱因-拉特利夫(Hartline-Rutliff)方程(1958)，它们都是复杂的非线性方程组，引起了数学家和生物学家的共同兴趣. 这两项工作分别获得 1963 年和 1967 年度诺贝尔医学生理学奖.

20 世纪 50 年代是数学与生物学结缘的良好时期. 也是在这一时期(1953 年)，美国生物化学家沃森和英国物理学家克里克共同发现了脱氧核糖核酸(即 DNA)的双螺旋结构，这标志着分子生物学的诞生. DNA 是分子生物学的重要研究对象，是遗传信息的携带者，它具有一种特别的主体结构——双螺旋结构(图 1)，在细胞核中呈扭曲、绞拧、打结圈套等形状，且在复

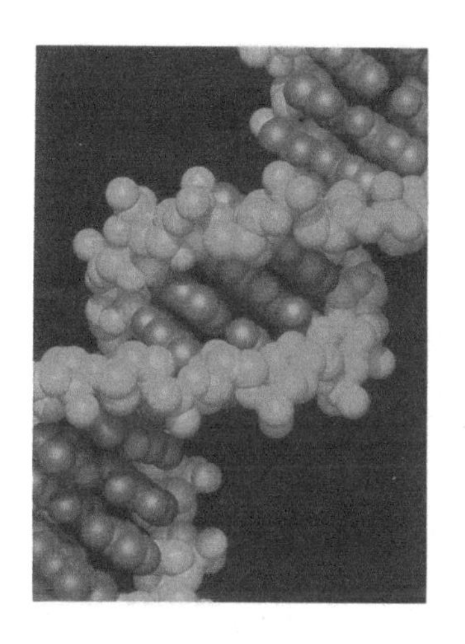

图 1　双螺旋结构

制期间必须解开. 而这正好是代数拓扑中纽结理论的研究对象,纽结论与概率论和组合学正一起帮着生物学家解开 DNA 复杂的结构之谜. 1969 年以来,数学家与生物学家合作在计算双螺旋“环绕数”方面取得了许多进展,环绕数是刻画两条闭曲线相互缠绕情况的拓扑不变量. 1984 年,关于新的纽结不变量,即琼斯多项式的发现,使生物学家获得了一种新工具来对 DNA 结构中的纽结进行分类. 另外,1976 年以来,数学家与生物学家合作在运用统计与组合数学来了解 DNA 链中碱基的排序方面也取得了令人鼓舞的成绩.

早在 19 世纪,高斯就研究过纽结问题,并指出:“对两条闭曲线或无限长曲线的缠绕情况进行计数,将是位置几何(拓扑学)与度量几何的边缘领域里的一个主要任务.”

关于数学在生物学中的应用,有一个颇有戏剧性的故事. 著名的英国数学家哈代可以说是 20 世纪纯粹数学的旗手,他把数学分成了“真正的”数学和“不足称道的”数学,并且认为“不足称道的数学总的来说是有用的,而真正的数学总的来说是无用的”. 哈代还说过:“我从不干任何有用的事情,我的任何发现都没有、也不可能对平静的现实世界产生什么影响,不管是直接的还是间接的,也不管是正面的还是反面的,他们(指某些数学家)的工作也和我的同样无用”. 然而事实是哈代曾应板球友生物学家庞尼特的请求,解决了当时遗传学家们争论不休的一个难题,这是一个种群遗传学的基本问题:人们的某种遗传学病(如色盲),在一群体中是否会由于一代一代地遗传而患者越来越多? 20 世纪初有些生物学家认为确会如此. 如果这样,那么势必后代每个人都会成为患者. 哈代在 1908 年发表的一篇文章中利用简单的代数方程和概率运算证明了:患者的分布是平稳的,不随时间而改变. 差不多同时,德国的一位医师温伯格也得到同样的结论. 这一发现因而被称为哈代-温伯格定律. 哈代这位以"纯粹"自律的数学家的名字,不管他自己愿意不愿意,就这样至少跟现代遗传学联系在一起.

事实上,除了数理统计学、微分方程等,概率论应用于人口理论,布尔代数应用于神经网络分析,现代积分理论应用于医疗诊断仪研制……这一切构成了生物数学的丰富内容.

数学与经济学

20 世纪初就有人说过:"数学化的社会科学将成为未来文明的控制因素"(W. F. 怀特)[1]. 如今社会科学愈来愈多的分支用上了数学,最突出的例子是经济学. 20 世纪 40 年代以来,经济学研究的数学化导致了一门交叉学科——数理经济学的诞生. 参与这门学科建立和发展的有冯·诺伊曼等著名数学家. 1944 年冯·诺伊曼与摩根斯坦合著的《博弈论与经济行为》提出竞争的数学模型并应用于经济问题,成为现代

① White W F. A Scrap-Book of Element. Chicago,1908.

数理经济学的开端. **20** 世纪 **50** 年代以来,数学方法在西方经济学中占据了主要地位,这可以从诺贝尔经济学奖获奖工作中数理经济学工作所占比重明显地反映出来.

据统计,自 1969 年首届诺贝尔经济学奖至 2001 年期间 33 届共有获奖者 49 人. 有学者[①]将获奖工作中应用数学的深度按一定标准分为四等:特强、强、一般和弱,结果显示:这 49 位获奖者有 27 位的工作可评为“特强”,占全体获奖者的一半以上;可评为“强”的人数为 14 人,这就是说应用数学的深度可评为“强”以上的获奖工作占到 41 人,占总人数的八成以上. 由此可见这些经济学理论的数学含量. 无怪乎人们说诺贝尔经济学奖主要是奖给“经济学家中的数学家”的.

事实上,这几十位获奖者中有两位是大数学家:康托洛维奇(L. V. Kantorovich)和纳什(J. Nash). 后者的传记还被拍成电影——《美丽心灵》,并且获得了 2002 年的奥斯卡最佳影片奖. 还有几位也是完全因为数学得奖, 比如,

① 史树中. 诺贝尔经济学奖与数学. 清华大学出版社, 2002.

德布罗(G. Debreu)是由于为当代数理经济学提出了系统的数学公理化方法. 而多数诺贝尔经济学奖得主的工作价值在于将适当的数学内容植入现实的经济学土壤而获得了深刻的成果. 例如,阿罗对一般均衡模型的工作是数学对经济学最有价值的贡献之一,但他所用到的数学在数学家眼中并不算深刻. 阿罗获得诺贝尔奖的时候是哈佛大学的教授,时任哈佛教务长的洛索夫斯基(H. Rosovsky)把这个喜讯告诉了数学系一位著名的同事,于是,这位数学家特意要了一本阿罗的著作拜读. 看过之后,他说那些数学是很基本的,哈佛的一年级大学生完全可以掌握. 这说明阿罗著作中数学本身并不高深,但他的贡献在于把两个领域结合起来,产生的化合作用比各个部分单独的力量要大得多,因而获得了非凡的突破. 这也许是大多创新成果的共同特点.

一般经济均衡理论是19世纪70年代由法国经济学家沃拉斯(L. Walras)首先提出的,其基本思想是:在一个经济体中有许多经济活动者,其中一部分是消费者,一部分是生产者. 消费者追求消费的最大效用,生产者追求生产的最大利润,他们的经济活动分别形成市场上对商品的需求和供给．市场的价格体系会对需求和供给进行调节，最终使市场达到一个理想的一般均衡价格体系．在这个体系下，需求与供给达到均衡，而每个消费者和每个生产者也都达到了他们的最大化要求．沃拉斯把这归结为由供给等于需求决定的方程组的求解，但他没有意识到此方程是一个非线性方程，而仅仅简单地比较方程个数与未知量的个数就断定方程有解．鉴于一般经济均衡理论在现代经济学中的重要地位，沃拉斯理论的上述缺陷就成为几十年中众多经济学家和数学家关注的大问题．直到 1954 年，德布罗和阿罗通过引进集值映射、凸性、不动点定理等数学工具，给出了一般经济均衡的严格叙述和存在证明，该理论才真正成为严格完整的理论体系．1959 年德布罗发表的《价值理论》又进一步使这一理论体系变为公理化体系．从此，数学公理化方法成为经济学研究的基本方法．阿罗和德布罗分别荣获 1972 年和 1985 年的诺贝尔经济学奖．

20 世纪 70 年代以后，随机数学又进入了经济领域，特别是 1973 年布莱克(F. Black)和斯科尔斯(M. S. Scholes)将期权定价问题归结为一个随机微分方程的求解，从而导出了相当符合实际的期权定价公式，即布莱克-斯科尔斯公式：

$$c = SN(d_1) - Xe^{-r_f T}N(d_2)$$

$$d_1 = \frac{\ln(S/X) + r_f T}{\sigma\sqrt{T}} + \frac{1}{2}\sigma\sqrt{T}$$

$$d_2 = d_1 - \sigma\sqrt{T}$$

$$N(d_i) = \int_{-\infty}^{d_i} f(z)\mathrm{d}z, \quad i = 1,2$$

布莱克与斯科尔斯的工作后又被默顿(R. C. Merton)进一步完善，成为金融活动中行之有效的工具，产生了巨大的经济效益. 布莱克-斯科尔斯-默顿理论被誉为“华尔街的第二次革命”，每天世界各地的金融市场上有成千上万的投资者都在使用其公式来估算证券、交易逐利. 默顿和斯科尔斯荣获 1997 年度诺贝尔经济学奖，而应分享这一荣誉的布莱克不幸在两年前病逝.

更广泛的渗透

除了以上所述的物理学、生物学和经济学，数学正在向人类几乎一切知识领域和社会生活的各个方面渗透. 让我们再来看几个例子.

美国新闻界历来有“总统竞选预测”的传统. 过去常用模拟选举,即在报纸上登模拟选票,让读者填好寄回,以此推测候选人中谁最有希望当选总统. 1916 至 1932 年,当时公认的全美权威性杂志《文学文摘》,先后在四届总统选举前都搞过着这种形式的预测,结果相当灵验. 1936 年,该杂志社根据模拟结果又一次作出预测,声言共和党候选人兰登将以 57%的得票率,战胜谋求连任的罗斯福总统而入主白宫. 与此同时,另一位名不见经传的乔治·盖洛普却告诫人们:罗斯福再次当选的可能性大于兰登. 然而,盖洛普人微言轻,他的话并没有引起太多人的注意. 直到开箱验票,罗斯福再度当选,这位有先见之明的小人物才名扬天下,由他创办的“美国舆论研究所(AIPO)”也随之声名大振. 盖洛普成功的秘诀,主要是基于数理统计中的“大量观察、随机抽样”的调查方式. 从 1936～1984 年,美国举行过 13 届总统选举,由盖洛普领导的AIPO对这 13 次竞选的预测,平均误差仅为 2.6%;除 1948 年和 1980 年两届选举以外,AIPO 的预测都是相当成功的. 这种精确程度在社会科学研究史上是罕见的. 虽然也有两

次不成功的记录，AIPO的专家们从失败中认真汲取教训，设计了一种能发现“临时变卦”者并及时修正预测的方法. 由于使用了这种“新式武器”，该所在1984年的预测中取得了有史以来的最佳成绩，预测当选总统里根的得票数与实际结果几乎分毫不差.

另一个例子来自语言学. 在语言学中运用数学，这种想法在 19 世纪就有了. 瑞士语言学家索绪尔(De Saussure)认为：“在基本性质方面，语言中的量与量之间的关系可以用数学公式有规律地表达出来.”他还说过，语言学好比一个几何系统，“它可以归结为一些待证的定理.”1904 年波兰的一位语言学家则说，语言学家不仅应该掌握初等数学，而且还有必要掌握高等数学. 他表示坚信，语言学将日益接近精密科学，语言学将根据数学的模式，“更多地扩展量的概念”并“将发展新的演绎思想的方法”. 美国的语言学家龙费尔德有一句名言：“数学不过是语言所能达到的最高境界.”事实上，他们的先见之明正在变成现实，数学已经渗透到语言学的各个分支，产生了“数理语言学”这样的分支. 有人认为，语言符号的随机性、离散性、递归性、非单元性等分别可以同数学中的统计学、集合论、公理化方法和数理逻辑建立联系.不过,目前语言学中用得最多的当属数理统计方法.

早在1851年,英国数学家迪·摩根(A. de Morgan)曾把词长作为文章风格的一个特征进行过统计研究. 1913年,俄国数学家马尔科夫(A. A. Марков)研究了普希金的叙事长诗《欧根·奥涅金》中俄语字母序列的生成问题,提出了马尔科夫随机过程论. 在这里,语言结构中所蕴藏的数学规律,成了马尔科夫创造性思想的源泉. 苏联的文学名著《静静的顿河》是肖洛霍夫本人所作还是抄袭克留柯夫的作品,曾经引起过热烈的争论. 于是,一些学者使用计算机和统计方法对这个问题进行了分析研究. 他们从《静静的顿河》中挑选出2000个句子,再选两位作者的其他小说各一篇,从中又各选500个句子,这样一共是三组样本,3000个句子,输入计算机进行处理. 根据句子的平均长度、词类的使用情况、句子结构等方面的统计分析,得出结论:《静静的顿河》确系肖洛霍夫的手笔. 后来,这篇长篇小说的原稿被发现了,专家考证的结果也证实了计算机统计分析的结论是完全正确的.

国内也有人利用数理统计原理和电子计算机技术，对古典名著《红楼梦》的成书进行过类似的研究. 把《红楼梦》一百二十回作为一个整体，以回为单位，从中挑选出几十个常用字；由于字的使用频率与作品文字风格直接相关，用计算机进行统计，并将其使用频率绘成图形，从星云状和阶梯状的图形上可以直观地看出几大群落，而这就是不同作者的创作风格的形象反映. 据此，可以对以往流行的“前八十回为曹雪芹所作，后四十回为高鹗所续”的看法提出异议，并提出《红楼梦》成书新说：轶名作者作《石头记》；曹雪芹“披阅十载，增减五次”，将自己早年所作《风月宝鉴》，定名《红楼梦》；程伟元、高鹗是全书的整理，抄成者. 尽管其结论尚值得商榷，但是这种用现代数学方法和电子计算机技术研究古典文学名著的研究方向，受到了国际红学界的赞赏. 西方也有人曾用上述方法鉴别过新近发现的莎士比亚作品的真伪.①

可见，一些过去认为与数学无缘的学科，现在也成为数学能够一显身手的领域. 数学方法

---

① Iversen G R and Gergen M. 统计学——基本概念和方法(吴喜之等译). 高等教育出版社，2000.

甚至也在深刻地影响着历史学研究,能帮助历史学家做出更可靠、更令人信服的结论. 这些事实说明什么呢? 我们可以不夸张地说,在研究自然和社会的林林总总的学科中,能够不通过使用数学语言而有很大改观的学科,已经寥寥无几了.

俄国数学家曼宁(Y. I. Manin)在谈数学的文化作用时说:“依我之见,所有人类文化的基础是语言,而数学是一种特殊的语言. 自然语言是个极其柔韧可变的工具,可用来交流生存所必需的东西,用来表达人的情感、增强人的意志,用来创造诗或信仰的虚幻世界,也用它来诱骗或定罪. 但是自然语言并不很适合于获取、组织和保存不断增进的对自然的了解,而这种了解是现代文明的最本质的特点. 亚里士多德可以说是最后一位伟大的思想家,他把语言的能力伸展到了极致. 随着伽利略、开普勒和牛顿的出现,自然语言在科学中已降格为下述两个方面的一个高级中介者:一方面是我们的大脑,而另一方面则是编译在天文数表中,在化学公式中,在量子场论的方程中,以及在人类基因数据库中的实际科学知识. 在学习和教授科学时使用自然语言,我们会带上我们自身的价值观和偏见……然而却与科学演讲的内容没有真正实质的关系. 所有本质的东西都是由一长串多少具有良好结构的数据来实现,或者由数学来实现. 正因为如此,我相信数学是最显要的文化成就之一,而作为研究者和教师的我,在每天工作结束之时,对于毕生所执着追求的数学仍怀有敬畏和羡慕."

3 推动生产的知识杠杆

数学从它萌芽之日起，就表现出与人类物质生产活动的紧密联系．数学对人类生产的影响，最突出地反映在它与历次产业革命的关系上．人类历史上迄今发生的三次产业革命，其主体技术都与数学新理论、新方法的应用有直接或间接的关联．

众所周知，早期资本主义生产力发展的需要刺激了数学中微积分的诞生，而微积分作为一种强有力的新工具，反过来又推动了以机械运动为主题的 17～18 世纪整个科学技术的高涨，成为从 18 世纪六七十年代开始的第一次产业革命的重要先导．第一次产业革命的主体技术是蒸汽机、纺织机，其设计涉及对运动的计算,这只有在微积分发明与发展后才有可能.

第二次产业革命始于 19 世纪 60 年代,前后分为两个阶段,第一阶段以发电机、电动机为主体技术,后一阶段以电气通讯为主体技术.通讯技术革命无疑是依靠了电磁理论的发展,而电磁理论的研究,是与数学分析的应用分不开的. 如法国数学物理学家泊松、安培等人运用微积分奠定了电磁作用的数学基础. “数学王子”高斯不仅对电磁理论卓有贡献,而且还与物理学家韦伯共同发明了电报装置.

至于现代无线电通讯技术,其发明更是与一组数学方程密切相关,我们甚至可以说:没有这组数学方程就没有无线电通讯,有人因此而称这组方程为“改变世界的方程”.

改变世界的方程

我们知道,无线电通讯的物理载体是电磁波,然而电磁波的存在最初并不是通过实验或观察,而是基于严密的数学方法作出的预言,具体地说是依据所谓麦克斯韦方程推导而得的结果. 1864 年,英国物理学家、数学家麦克斯韦发表了一篇有划时代意义的电磁学论文，这是他在经历了无数次的失败后，用纯数学的方法对自法拉弟、安培以来的电磁理论的成功总结，他在其中将全部电磁现象规律归结表述为两组方程，即麦克斯韦方程：

$$\begin{cases} \mathrm{rot}\boldsymbol{H} = \dfrac{1}{c}\dfrac{\partial(\varepsilon\boldsymbol{E})}{\partial t} \\ \mathrm{rot}\boldsymbol{E} = -\dfrac{1}{c}\dfrac{\partial(\mu\boldsymbol{H})}{\partial t} \\ \mathrm{div}\varepsilon\boldsymbol{E} = \rho \\ \mathrm{div}\mu\boldsymbol{H} = 0 \end{cases}$$

麦克斯韦并根据对这两组方程的推导结果大胆地预言了一种以光速传播着的波也就是电磁波的存在. 麦克斯韦的理论当时只有少数几个犹豫不决的支持者. 24 年后，德国物理学家赫兹在振荡放电实验中证明了麦克斯韦的预言，不久意大利的马可尼和俄国人波波夫又在赫兹实验的基础上各自独立地发明了无线电报. 这样，麦克斯韦方程不仅实现了牛顿以来物理学的又一次伟大综合，而且为日后风靡全球的无线电技术奠定了基础，从此电磁波走进了千家万户. 因此有人说麦克斯韦方程是改变世界的方程，这不算夸张. 深入了解科学的历史将会发现，这样的方程还远不止是麦克斯韦方程.

关于数学在早期通讯工程中的应用,还有一段脍炙人口的佳话,就是大西洋海底电缆的安装铺设. 此项工程于 1854 年开始,英国数学物理学家汤姆逊(W. T)是工程领导委员会的成员. 在工程开始以前,汤姆逊曾在与他的好友、数学家史托克斯(G. G. S)的通信中讨论过长导线中信号延迟的数学解释,并于 1855 年从理论上解决了这一问题. 汤姆逊根据自己的研究结果指出横跨大西洋的海底电缆只宜使用小电流,并为此而专门设计了一种可用以测量微电流的电流计. 遗憾的是负责此项工程的总工程师外脱豪斯却拒绝汤姆逊的意见,导致了安装工程的失败. 外脱豪斯后来被迫承认了汤姆逊的数学预报的正确性. 1865 年,依据汤姆逊的方案,第一条横跨大西洋的海底电缆终于安装成功,轰动了当时的整个科学界.

从 20 世纪 40 年代开始的第三次产业革命,主要是电子计算机的发明使用、核能利用、空间技术与生产自动化等. 所有这些都离不开数学的应用,而计算机与数学的联系则更是充满传奇的故事.

人脑与电脑

数学与人类生产的联系是复杂的、曲折的.数学往往会走在前头,然后再在生产中获得应用,即依靠数学内部矛盾的推动而发展起来的纯粹的、抽象的理论,最终会反过来推动社会生产的发展,在科学史上不乏这样的例子.

1901年,英国数学家罗素曾提出过一个集合论的悖论,罗素为了让普通百姓也能了解数学本身存在的矛盾,后来又把它改编成通俗的形式,即所谓"理发师悖论":一个乡村理发师宣布:"我只给那些不给自己理发的人理发."一天有人问这位理发师:"您该不该给自己理发?"

请读者试试回答这个问题,你会发现,从理发师的声明出发,无论怎样推论,得到的都是与假设相反的结论,这就是悖论.

那么,这样一个在书斋里吞云驾雾、冥思苦想得来的近乎游戏的结果,难道跟人类的生产与生活会有什么干系吗?事实是,由于这个悖论揭示了数学最基础的部分存在的深刻矛盾,在以后30年中数学家们围绕它展开了激烈的争论并形成了关于数学基础的三大学派,争论的结果引出了一条被誉为是 20 世纪最深刻的数学定理——哥德尔不完全性定理,对这个定理所涉及的一个基本概念——可判定性的深入研究又促使英国数学家图灵提出了当今计算机科学中极为重要的“可计算性”概念,为了判断所谓的可计算性,图灵提出了一种理想的计算机模型即今天以他的名字命名的“图灵机”(见图 2).

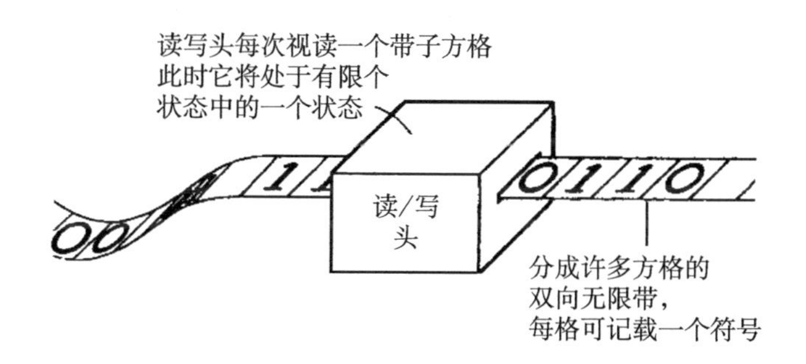

图 2　图灵机示意图

图灵机不仅给出了可计算性概念的数学定义,而且从理论上预示了设计制造现代计算机的可能性,正如前面提到的麦克斯韦方程预言了电磁波的存在一样. 这是 1936 年的事情,比实际计算机的发明早了十几年. 在第二次世界大战期间,图灵本人参与了英国“巨人号”电子计算机的研制,这种计算机于1943年制成,专门用来破译德军的军事密码,在二战中立下赫赫战功,图灵因此而荣获英国国防部的荣誉勋章.

图灵"巨人号"是专用机,由于战争年代保密的缘故,人们到 70 年代才了解其部分资料.世界上第一台通用电子计算机则于 1945 年在美国问世,代号 ENIAC,这是一个占地 170 平方米、有 18 000 只电子管的庞然大物. 电子管的采用使 ENIAC 获得了当时空前的计算速度,但这个新生儿却有一个弱点,其程序是所谓外插型,每解题之前必须先编好所需要的全部指令,常常是为了几分钟运算要花几个小时甚至几天准备程序,采用电子管后获得的速度优势难以充分发挥. 如果这个缺陷不能克服,那么刚刚诞生的电子计算机就有可能夭折. 恰恰在这个可以说是决定新生电子计算机命运的生死关头,数学家再一次做出了关键的贡献.

1944 年夏日的一天,在阿伯丁火车站,ENIAC 研制组的关键人物之一戈德斯坦(H. Goldstine)正巧遇到了当时也在候车的冯 · 诺伊曼,在交谈中他向这位大名鼎鼎的数学家透露了 ENIAC 研制中的问题,立即引起了后者的关注. 冯 · 诺伊曼当时正在参与美国的原子弹试制工作,深受繁重计算之累,从此便加入到ENIAC研制组. 他与设计组的其他成员一起深入分析了计算机的逻辑控制问题,1945 年 6 月提出了一个全新的方案,命名为“离散变量自动电子计算机”(Electronic Discret Variable Automatic Computer),英文缩写是 EDVAC,其中一项重大的革新就是所谓存储程序的概念,即用记忆数据的同一记忆装置存储执行运算的命令. 不仅解决了计算与编程速度匹配的问题,还创造了在机器内部用同样速度进行程序逻辑选择的可能性,从而使全部运算成为真正的自动化过程. 这个设计在当时立即就产生了广泛的影响,直到现在一直在统治着计算机的结构. 后来人们把按这种方案设计的计算机通称为“冯·诺伊曼机”,冯·诺伊曼因此被尊为“计算机之父”. EDVAC 机于 1946 年完成,现代电子计算机的发展从此走上了康庄大道.

冯·诺伊曼方案的基本特征是程序内存,它使计算机具备了“思维”性质的功能. 这个看起来很简单的思想,却要等待大数学家的大脑来提出,这不能不说是数学思维的奇妙. 冯·诺伊曼并不是最先发明这一思想的数学家,上面介绍的图灵,其“理想计算机”就是程序内存型的．冯·诺伊曼本人曾说过他自己的贡献只是创造性地发展了图灵30年代的结论．

其实，图灵也不是提出程序内存设计思想的第一人．我们知道，即使不计17世纪帕斯卡、莱布尼茨等大数学家的尝试，计算机的历史仍然可以再上溯一个世纪．19世纪，英国人拜贝奇(C. Babbage，1792～1871)，也是一位数学名家，为了克服编制航海表过程中的计算困难，产生了要设计一种自动计算机的念头．怎样去设计呢？他想到了法国人的做法．法国政府在进行度量衡改革时，由于计算工作量太大，他们把一些复杂的计算步骤分解成一系列简单的加减运算，编制了一个计算程序，然后请来上百个计算员按事先编好的程序进行计算．拜贝奇认为这第二步任务可以交给机器去做．于是，他花了10年的时间潜心研究，终于在1812年设计并制作了一台计算机，他把它叫作“差分机”．此后，拜贝奇又继续开发一种他称之为“分析机”的计算机，想用它来编制精密的航海表．分析机已具备了“程序内存”等现代计算机的主要特点，但整个设计是纯机械的，技术实施遇到很大障碍．尽管拜贝奇已经完成了设计，但他的梦想最终未能实现．拜贝奇为了研制这种分析

机付出了他后半生主要精力和财产，甚至不惜辞去荣誉极高的剑桥大学卢卡斯教授席位，也就是牛顿的老师让贤给牛顿的、当今霍金身居的高位. 但当时能够理解他的思想的人寥寥无几，真正的支持者实际只有三个人，一个是后来成为意大利总理的闵纳布利，他将拜贝奇关于分析机的讲演整理成文并在报纸上发表；另一位是诗人拜伦的女儿拉甫雷斯夫人，她将闵纳布利的文章译成英文并加进许多有创见的注释，其中包括她本人编制的一些函数计算程序，开现代程序的先河；第三位是拜贝奇的儿子——拜贝奇少将，在他父亲死后还为分析机奋斗了许多年，坚信“总有一天，类似的机器将会制成，它不仅在纯数学领域中，而且将在其他知识领域成为强有力的工具.”

如前所述，一个世纪过后，世界上第一台电子计算机 ENIAC 的问世，才使拜贝奇的梦想得以成为现实. 从那以来，计算机的研制已历经几代变革，其中都有数学和数学家的作用.

正如我们所看到的，当今世界已进入信息化的时代，计算机不仅成为社会最宏大的产业，同时对人们的生活方式产生着深远的影响. 从罗素悖论到现代计算机，这中间的联系完全是始料不及的，即使罗素本人恐怕也梦想不到.这就是数学，数学影响社会生产和改变人类生活方式的价值. 难怪拿破仑要说：

“数学的发展跟国家的繁荣是紧密相关的.”

在第三次产业革命中，除了电子计算机，数学家们同样为解决核能利用和空间技术等方面的问题付出了辛勤劳动. 原子能的释放，首先在理论上归功于爱因斯坦狭义相对论导出的著名公式揭示了质能转换的可能性. 美国政府在第一颗原子弹研制的过程中，吸收了一批数学家参加，前面已经提到，冯·诺伊曼就是美国第一颗原子弹研制基地的主要科学顾问之一. 如今，数学在核技术研究中的应用更是与日俱增. 例如，核反应过程是在高温高压下进行的，核爆炸的巨大能量在微秒量级的时间内释放出来，要在核试验中作全面细微的测量是极其困难的，只能得到一些综合效应的数据. 而且即使这样费用也惊人的昂贵. 那么，最简单的办法是把它搬到计算机上进行模拟试验. 核反应过程的数学模型，是一组非定常的非线性偏微分方程，用计算机进行数值求解并作出不同时间的图像，就可以获得试验的各种结果. 试想一下！把每设计一个新型号需要调整各种参数进行优选等工作都交给计算机去做，可以减少多少次核试验！再如，空气动力学少不了做风洞试验，这也是极其昂贵的试验．如今通过计算机求解流体力学方程进行仿真，已经成为航空航天专家们不可或缺的手段．

20 世纪 50 年代前苏联为了实施其核计划和空间计划，也充分调动了数学家．1953 年，前苏联科学院专门成立了数学研究所应用数学部，苏卫星计划的轨道计算部分就是在这里进行的．应用数学部后来发展我为独立的应用数学研究所，M. B. 凯尔迪什任所长，许多著名数学家被聘请到该研究所兼职．例如，И. M. 盖尔芳特长期担任该所理论数学室主任，从事有关的理论研究，为空间计划和其他军事项目提供咨询；П. C. 吉洪诺夫也领导过该所的一个研究室，参与了与核计划有关的许多研究课题．

走出幕后的数学

数学在产业技术上的应用，正在变得越来越直接，并且数学中那些一向被认为最抽象、最纯粹的部门,也往往出乎意料地走出幕后,直接参与到这种应用之中,这已成为现代数学应用的一大特点.

我们仍从哈代的一个论断开始. 还是在他的那本小册子《一个数学家的辩白》中,这位纯粹数学家写道:"真正的数学对战争没有影响. 至今还没有人能发现有什么火药味的东西是数论或相对论造成的,而且将来很多年也不会有人能够发现这类事情."这段话写于 1940 年,5 年之后美国的原子弹就在日本广岛爆炸了,相对论不仅影响了战争进程而且改变了国际形势. 美国和前苏联两个超级大国储备了数以千计的核弹头导弹,而两国总统随身携带的核密码箱却恰恰涉及到哈代以上提到的另一个数学分支——数论. 哈代断言数学是一门"无害而清白"的学问,数论更是他心目中一块不可多得的"净土",然而正是被哈代视作"清白"学问典范的数论,1982 年以来也已成为能控制成千上万颗核导弹的密码系统的理论基础.

密码在现代战争和社会安全中的作用是不言而喻的. 密码直接影响到战争的全局. 第一次世界大战中东西两条战线截然不同的战局就清楚地说明了这一点. 当时东线的法、俄、奥匈帝国兵力上占有绝对优势,且对德军形成两面夹击. 正如当时的德军指挥官鲁登道夫所说:"北方的俄国集团军大有'黑云压城城欲摧'之势,只要它从东北方向压过来,我们就会溃不成军."但是,战局却没能这样发展,因为德军截获了俄方的电报,这使它在战争中占据了主动权,以至能在坦能堡一仗中如同演习般地包围和歼灭了俄国军队. 在随后的东线战场上,尽管俄军采取了电报加密措施,但德国人的破译屡屡成功,因而能屡战屡胜. 然而,西线战场上情形却正好相反. 法国军队多次破译了德军的密码,使协约国有效地遏制了德军 1918 年的攻势. 美国的参战是德军失败的关键,而这恰恰也和情报有关. 起初美国奉行中立主义,威尔逊总统就是靠坚持孤立主义连任的. 但德国人击沉了美国的一艘供应舰造成了美国平民的伤亡,随着美国对协约国的供应增多,德方知道进一步得罪美国是不可避免的. 于是,德国外交部长以帮助墨西哥收复 1846 年被美夺去的大片领土为诱饵,要求墨西哥对美宣战来消除美国潜在的威胁. 这个关键的电报被英国截获,美国的中立幻想至此破灭,终于下定决心对德宣战,德国从此走向了失败.

传统的密钥体系是传送信号方和接收信号方共有一套密码规则,传送方用其对信号进行加密,而接收方则反其道用之还原信号. 密码的约定可以是一种替代规则. 例如,在英语的26个字母中,每个字母都用其后继者替代,这样,单词ACTION用密码传送时就变成BDUJ-PO. 当然,这种替代规律很容易被敌人发现,因为每个字母在英语中出现的频率是一定的,对方只要统计一下码文中每个字母在一定量的词汇中出现的次数,比如发现字母"B"出现的次数与字母"A"在英语中出现的频率一致,就可以推测该密码以"B"代"A",进而发现全部的规律. 当然,你可以说,魔高一尺,道高一丈! 搞得复杂一些不就行了? 但是,无论你变换什么方法,只要有某种"可被辨认"模式存在,现代高级的统计方法在计算机的帮助下就不难破译你的密码.

现代的密钥体系一般都要使用计算机,同时也假定敌人有强大的计算机来分析你的信息. 所谓加密通常就是计算机程序或者是专门设计的计算机,而解密的钥匙则多为一个秘密选定的数字. 这个数字既是加密时的依据,更是解密的法宝. 敌人可能知道你的加密体系,

但要想获得你的编码信息就得设法搞到你的钥匙．美国使用的数据加密标准叫 DES，其钥匙就是个数，用二进位表示有 56 位．该体系并不保密，因此，从理论上讲，任何敌人只要试遍所有可能的数字就能找到适用的钥匙，但要知道这种盲目的试开次数共需要 2^{56} 次之多，以目前的计算机处理速度实际上是不可能的．

上述编码方法无论安全性如何，都有一个明显的缺陷：接受者必须与发送者见面或通信交流才能获知所用的密钥，最起码要通过可靠的信使来传递．而这对于未曾谋面的个人之间，特别是国际间的银行及商务活动显然有诸多不便．于是，一种新的密码体系诞生了，它就是所谓公开密钥的密码学，其中的编码方法需要两把钥匙，一把用于加密，另一把用于解密．具体方法是这样：新用户首先买一本标准程序，(这是供通信网络的所有用户使用的，)从中确定两把密钥．一把要严格保密，将来靠它来解密信息；另一把刊登在网络的用户手册上．发送者需要做的全部工作是查出用户所公开的密钥，用它对信息加密并发送出去．对任何其他人而言，知道这把公开的密钥是无用的，因为解码需要另一把专门的钥匙，而这只有那位接受者才有. 这样,信息一旦加了密,连发送者自己也无法破译它.

这真是一个高明的办法! 但是怎样才能具体实现呢? 这一回,"数学的皇后"——数论出场了.

借助计算机,找出两个较大的素数(比如100位数字大小的)是可以做到的,然后计算它们的乘积也不成问题;但反过来由乘积去求两个素因子,却极其困难,因为根据数论的现有成果,对于大整数的因子分解不存在快速的方法. 这正是数学家要利用的一个主要事实. 比如,两个100位数字的素数 q 和 p,乘积 n 就是200位数字的数. 要分解这个巨大无比的数 n,就得用从1到$\sqrt{n}$的所有整数去试除n,看看有没有它的因子. 这项工作意味着执行10^{100}次除法运算. 如果用每秒1亿次的计算机也需要10^{92}秒钟,也即3×10^{84}年左右的时间才能完成. 当然,实际做时只需选择其中的素数去除,但问题是要判断一个100位的数之内哪些数是素数本身就是相当头疼的事,即使用现今最快速的计算机和最高效的算法,要分解一个200位的数也要几亿甚至几十亿年才能完成.

因此,这里的两把钥匙可以分别约定为:素

数和它们的乘积. 用户把自己选出的两个素数记在心里将来作为解密的钥匙,而把其乘积公开用作加密的钥匙. 加密对应于两个大素数相乘,而解密则对应于相反的因子分解过程,机理非常简单,但一易一难用得恰到好处. 由于大数因子分解的困难,从公开加密的钥匙重新找到解密钥匙实际上是不可能的. 这就是如今普遍使用的公开密钥体系的基本思想,当然不是全部的工作原理,还要涉及一些更复杂的数学知识. 这一体系叫做 RSA 体系,随着计算机处理因子分解能力的不断提高,它的安全性也开始受到了威胁.①

数学越来越直接地应用于技术发展,另一个有说服力的例子,就是 20 世纪 80 年代以来医院里普遍使用的 CT 扫描仪的发明. 这种大家都熟悉的仪器为体检和诊断带来很大的方便,可谓是 20 世纪医学的奇迹,但它的设计原理却与数学直接相关.

几十年前,一个名叫柯马克(A. M. Cormark)的美籍南非工程师,寻找一种不经手术便

① 沈渊源. 近代密码学序曲. 数学传播(台). Vol. 27 (2003),No. 1.

能准确确定一个体内物体的位置和密度的方法，但那时只有X射线是可以利用的，给出的信息当然是2维的．大家知道，不同的物质有不同的X射线衰减系数．如果能够确定X射线在人体内部衰减系数的分布，就能重建其断层或3维图像．但通过X射线透射，即以往常规的透视时，只能测量到人体内沿直线分布的X射线衰减系数的平均值．当直线变化时，此平均值(依赖于某参数)也随之变化．能否通过此平均值以求出整个衰减系数的分布，从而重现物体内部的密度呢？解决这个问题的数学工具早已存在，那就是拉东积分变换，是一位名为拉东(Radon)的捷克数学家的研究成果．基于拉东的成果，柯马克明白了把X射线从许多不同角度照射，即可决定体内目标的位置和形态，也就是说可以重建人体器官的3维图像．

在柯马克工作的基础上，英国工程师亨斯菲尔德发明并研制成功了世界上第一台计算机断层扫描仪即CT扫描仪．其原理后经发展又被用于分辨率更高的核磁共振仪的设计制造．

柯马克与亨斯菲尔德共同荣获了1979年的诺贝尔医学奖．其实柯马克对拉东变换的应用已远不限于医学，他后来还注意到其在古人类学中的应用前景. 例如,通过对某个几百万年前的人体化石进行 CT 扫描证实了古人类是直立行走的等. 拉东技术还被用于海洋学,用来测定海洋的温度等.

数学不同于其他科学分支,数学家没有创造什么物质产品,也不会直接治病救人,然而他们的工作对工程和医学却影响巨大. 当我们驾驶汽车或拨打电话时,我们不会想到数学的作用. 绝大多数老百姓更意识不到日常生活中几乎每件事的背后都有数学家的工作. 正如瑞士一位科学部长所说:“譬如随便问一个瑞士人,在 10 瑞士法朗纸钞上的头像是谁? 他们可能答不上来,他们从没有注意到这是欧拉. 也许根本不晓得欧拉是什么人.”(图 3) 其实,数学处处影响着人们的生活.

图 3　瑞士法朗上的欧拉

可以直接应用的数学只是数学的一小部分,它需要雄厚的纯数学作为基础,正如波雷尔的"冰山"之喻. 而且,数学的应用也不能急功近利,数学家往往会提出一些超越时代的数学思想,在很长的时期内人们可能看不到它的实际意义. 圆锥曲线理论就是一个典型的例子. 这个理论是古希腊数学家建立的,开普勒和牛顿将其应用于天体力学已经是 2000 年以后的事了. 这真让人不可思议! 难怪诺贝尔奖获得者温伯格(S. Weinberge)感叹道:"一些数学家出卖灵魂给魔鬼,以换取哪种数学在许多年后为物理学家所应用的信息."

哈代的观点多少影响着数学的声誉,在他看来,真正的、有趣的数学是无用的,有用的数学则是平凡的和枯燥的. 他在总体上是从纯数学中去寻找真正的数学,但是我们也要知道,他把相对论和量子力学归入了真正的数学,把麦克斯韦、爱因斯坦、爱丁顿和迪拉克等人都包括在真正的数学家中,这又是何等耐人寻味!

4 思想革命的武器

数学对于人类精神文明的影响同样也很深刻. 数学本身就是一种精神,一种探索精神. 这种精神的两个要素,即对理性与完美的追求,千百年来对人们的世界观的革命性影响不容低估. 数学由于其不可抗拒的逻辑说服力和无可争辩的计算精确性而往往成为思想解放的决定性武器.

海王星的发现与日心说的胜利

我们从一个熟知的故事开始,即海王星的发现. 19 世纪,英国天文学家亚当斯和法国数学家勒维烈在研究天王星的运行轨迹时,认为天王星运动的不规则性是由于另一颗未知行星的引力而引起的,并根据引力法则和摄动理论,通过浩繁的数学计算,具体算出了这颗行星的运行轨道. 勒维烈把这一计算结果通知了德国天文学家加勒,1846 年 9 月 23 日晚,加勒将望远镜对准了夜空,果然在与他们预报的位置只差一度之处找到了这颗行星,它就是后来被命名为海王星的行星.

海王星的发现本身可以说是老生常谈了. 我们在这里援引这个例子是要说明,海王星的发现不仅是数学推理和计算威力的令人信服的例证,更重要的是它标志了日心说的最终胜利. 我们知道哥白尼的“日心说”提出太阳是宇宙的中心,但在他之前,从古希腊开始一直是地心说占统治地位,中世纪的教会为了宗教的利益更是把地心说作为教义固定下来,因此哥白尼生前一直不敢发表自己的理论,直到临终时刻才在病床上看到刚刚出版的《天体运行论》. 哥白尼之后的许多科学家和思想家为了维护宣传日心说不惜付出巨大的代价. 著名的伽利略曾因此被宗教裁判所判终身监禁,还有一位意大利思想家布鲁诺也因宣传日心说和反宗教的罪名

被活活烧死在罗马的鲜花广场,很多人为哥白尼的日心说抛头颅撒热血,但宗教并没有因此而让步. 日心说地位的真正确立是在牛顿从万有引力定律出发,利用微积分等数学工具将太阳系的运动严格地推演出来之后. 而海王星的发现,则给顽固维护地心说的宗教势力以最后的致命一击. 哥白尼本人在《天体运行论》中曾表示他

"决不怀疑,博学多才的数学家们如果遵照科学的要求,深入地而不是表面地理解和考虑为了证明我的见解所提出的论述,他们一定会同意我的看法!"

在数学的计算与逻辑面前,宗教终于被迫让步,近年来梵蒂冈甚至还要给伽利略平反. 所以,数学在推动人类思想革命过程中有时起着决定性的作用,哥白尼的日心说可以说是很有说服力的例子.

非欧几何与现代时空观

非欧几何不仅是数学史上的一座理论丰碑,而且引起了人类时空观的又一次重大变革.

这是19世纪早期由高斯,波约和罗巴切夫斯基各自独立发现的成果. 在此之前长达2000年之久的时间里,几何王国始终是欧几里得几何的一统天下. 欧几里得几何在文艺复兴促发的近代科学革命中成为伽利略、牛顿等人的绝对时空宇宙体系的数学模型,伽利略、牛顿的力学理论都是在这样的几何空间里建立的,这些理论体系的成功愈发坚定了人们对欧氏空间的信念,将其中的命题和结论视为天经地义的绝对真理. 与其他思想体系,如宗教和哲学等比较,"几何学不存在流派,人们不说它是欧几里得或阿基米德的."人们对这种确定性和可靠性顶礼膜拜,甚至希望用其作为鉴别真理体系的判据. 正像伏尔泰所说:"只有一种道德,正如只有一种几何一样."

然而,欧几里得几何并非那么完美无缺,数学家们早就对其中有些事实心存疑窦,尤其是第五公设. 第五公设也称平行公设或平行公理,欧几里得《原本》中这条公设的完整表述为:

"若一直线落在两直线上所构成的同旁内角和小于两直角,那么把两直线无限延长,它们将在同旁内角和小于两直角的一侧相交."

在欧几里得几何的全部五条公设中,唯有这条公设显得比较特殊,它的叙述不像其他公设那样自然和简洁明了. 欧几里得本人对这条公设似乎有所犹豫,并竭力推迟应用它. 因此,从欧几里得时代起,数学家们就怀疑它实质上并不是一条公理而更像是一条定理,并产生了从其他公设和定理推证这条公设的想法. 他们或者寻求一个比较容易接受、更加自然的等价的事实来替代它,或者试图把它作为一条定理由其他公设、公理推导出来. 在众多的替代公设中,今天最常用的是:

“过已知直线外一点能且只能作一条直线与已知直线平行”.

两千多年过去了,所有证明平行公理的努力都是徒劳的. 一些先行者用反证法得到了一些新奇的结果,如三角形三内角之和小于两直角等,却因其“不合常理”而误断为导出了矛盾. 因此到 18 世纪末,一些思想敏锐的数学家开始意识到这些命题并非荒诞的结果,而是一种新几何中的可靠结论. 高斯是第一个明确地提出这种新几何学的数学家,并给这种几何起名为“星空几何”,后改称“非欧几何”. 尽管获得了重要成果,高斯却秘而不宣,他似乎没有勇气挑战两千多年来的正统观念. 由于担心世俗传统的攻击,即他所谓的“波哀提亚人的叫嚣”,他始终没有发表自己的结果. 可见,高斯已预见到这不是一般的数学成果,它孕育着一场思想革命.

比高斯略晚,匈牙利青年波约和俄国数学家罗巴切夫斯基均以非凡的洞察力建立了非欧几何. 罗巴切夫斯基更为阐释和捍卫这种新几何学而付出了毕生心血. 作为替代公设,他采用与第五公设相反的断言:通过直线外一点可以引不止一条,而至少是两条直线平行于已知直线. 由此出发进行逻辑推导,他得出了一连串的新几何学定理. 这与高斯和波约的基本思想是一致的. 罗巴切夫斯基明确指出,这些定理并不包含矛盾,因而它的总体就形成了一个逻辑上可能的、无矛盾的理论,这个理论就是一种新的几何学——非欧几里得几何学. 然而,不出高斯所料,新几何学的确遭到了许多人的围攻,说这个理论为“荒唐的笑话”,“是对有学问的数学家的嘲讽”等. 但这位俄国数学家一直到晚年都坚信自己的新几何学的正确性,并预言终有一天“可以像别的物理规律一样用实验来检验.”

罗巴切夫斯基等人的非欧几何被普遍接受和认同是一个渐进的过程．德国数学家黎曼对非欧几何的发展作出了至关重要的贡献．他从高斯的内蕴微分几何出发，建立了一种更为广泛的几何，这种几何包括欧几里得几何，罗巴切夫斯基(双曲)几何，以及后来以他自己的名字命名的黎曼(椭圆)几何作为特例．黎曼可以说是最先理解非欧几何全部意义的数学家，他是在应聘哥廷根大学讲师时的就职演讲中论述了他的几何基础理论，据说在场的数学家只有年迈的高斯能听懂这个报告．

黎曼的非欧几何就是普通球面上的几何，其上的每个大圆可以看成是一条“直线”．容易看出，任意两条球面“直线”都不可能永不相交．正如任何地球仪所显示的那样，经线在赤道以平行线形式出发，但却在南北两极交叉．人类就生活在这样一个球面上，然而千百年来人们却坚定地信奉着一个理想的平直几何空间——欧几里得几何．直到几位先驱者将更真实的物理空间呈送眼前，他们的理论仍然难以被同时代人理解．这种状况一直持续到20世纪初，及至该理论的应用促发了科学史上一次重大突破——广义相对论的诞生之后，才有了真正的改观．相对论与非欧几何的关系在前面已经作了具体的阐述．

广义相对论建立以后，特别是爱因斯坦提出的三项实验检验(包括光线在引力场中的弯曲)被证实后，广义相对论的威力震撼了全世界．例如，当 1919 年亨廷顿领导的一支探险队在非洲的一次日全食观察中验证了星光经过太阳引力场发生弯曲的事实时，在英国皇家天文学会和皇家学会的联席会议上，主席汤姆森当即宣称:这是“自牛顿以来引力理论的一项最重要的成果”，是“人类思想的最伟大的成就”．《泰晤士报》赫然出现了醒目的标题:“科学中的革命”，并伴以副标题“宇宙新理论”和“牛顿观念被推翻”．

牛顿的理论体系是以三大运动定律和平方反比引力定律为基础，并以欧氏空间为其几何背景．广义相对论引人注目的特征之一则是将牛顿力学中的引力归化为四维时空中的弯曲，其数学模型是 60 多年前创立的黎曼非欧几何．数学宝库早已为人类思想史上一次最伟大的飞跃准备了工具和武器，这是多么深刻而又奇妙的文化奇观！

关于物理中几种基本力的解释，人们还在

寻求更宽泛的理论试图作出统一的解释,这种解释也许正期待着新的对应的几何才能真正立足. 用来解释引力的广义相对论已无法被直接推广用来解释量子理论,因为它在无穷小距离时失效了. 20 世纪 80 年代发现了克服引力和量子力学之间的不一致性的框架——弦论,顾名思义,物质的基本单位形状象细小的振动的弦而不是粒子,这是第一次把引力纳入到在微观水平上的宽广的物质描述,是引力的量子论. 美国数学家威顿(E. Witten)认为,这方面进一步的理论发展其"主要障碍是核心的几何思想——它必须作为弦论的基础,就像黎曼几何学作为广义相对论的基础一样——还未被发现. 充其量我们也只是抓住了皮毛,揭露了那些很可能最终被视为更主要思想之附带结果的东西. 探索这些更主要的思想,在现时,基本上是物理学家们全力以赴的数学问题". 弦论被越来越多的科学家预言为第三次物理学革命. 可见人类思想革命中,尤其是科学革命中的根本依据往往是在于数学的进展. 这次数学有可能滞后了,而不像广义相对论之前 60 年就已有了黎曼几何.

总之,自相对论问世以来,人们的时空观和

宇宙观与昔日已大有不同，就科学思想而言可以说发生了巨大的变革，而没有从高斯、波约、罗巴切夫斯基到黎曼的几何学，这种变革是难以想象的.

挑战“机械决定论”——混沌的发现

牛顿的《自然哲学的数学原理》中所包含的最重要的原理之一是决定性原理——世界上所有事物的瞬时位置和速度，决定其未来和过去. 以往表现为混沌的宇宙，在牛顿手里似乎变成了一架调好了的大钟表. 基本原理的这种规律性和简单性(据此可推导出各种观测到的复杂的运动)，在当时被认为是上帝存在的证明. 牛顿在《原理》中写道：“太阳、行星和彗星如此美妙地联合，只有按照智慧超群、威力无边的人的旨意才能发生. 他掌管一切，不是作为世界的灵魂，而是作为宇宙的统治者，即占有一切的上帝.”分析学的不断发展征服着新的领域. 首先是几何与力学，其次是光学和声学，热的传播与热力学，电学和磁学，最后甚至混沌的宇宙也接受其统治了. 拉普拉斯认为，一切自然现象都

是少数不变定律的数学推论. 他有一段非常著名的断言:

“一种智力,在任一给定时刻如能知悉所有的自然力和构成宇宙的所有物质的瞬时位置,而且它能分析所有的有关数据,则能用一个式子描述世上最大物体和最微小原子的运动. 对它来说,没有东西是不可确定的,历史和将来在它的眼前展现.”

他所说的全知全能的东西后来被人们称为“拉普拉斯妖”. 可见,牛顿的机械决定论思想在统治科学领域的同时也渗透到人们认识世界的自然观中,甚至控制着人们的思维模式. 世界上的事物被认为是沿着固定的轨道运行着,只要给定初始值,就可以确定它的过去与未来. 整个世界被看成是一个无限的机械重复,拉普拉斯的“全知全能的小妖”更是把这种决定论的观点推向了极致. 在这样的观点指导下,事物发展的规律是确定的,结果是可知的也是必然的,偶然性仅处于从属地位,而必然性处于支配性中心地位. 简单明了的分析法被奉为万能钥匙,整体等于部分之和;欲知整体性质,只须将其“拆零”研究即可,个体之间的非线性相干作用被忽略. 然而,世界果真是这么理想和简单吗?

事实上,科学家们发现的许多现象,都促使人们不得不重新去认识这个复杂的世界. 美国气象学家洛伦茨(E. N. Lorenz)在天气预报中发现的混沌,就是令人瞩目的一例.

洛伦茨本来是学数学的,1938 年大学毕业后,由于第二次世界大战,使他成了一名气象学家. 战后他继续从事气象研究,在麻省理工学院他操作着一台当时比较先进的工具——计算机进行天气模拟. 在 20 世纪五六十年代,人们普遍认为气象系统虽然非常复杂,但仍是遵循牛顿定律的确定性对象,只要计算机功能足够强大,天气状况就可以精确预报. 冯·诺依曼(Von Neumann)在设计第一批计算机的时候,就以天气模拟为理想任务. 他设想通过使用计算机计算流体运动的方程,人类就可以控制天气. 天气变化是一种特殊的流体运动——对流. 洛伦茨建立了下面这个极其简单的对流模型,一个只有 3 个方程的一阶微分方程组,后称为洛伦茨方程.

$$\frac{\mathrm{d}x}{\mathrm{d}t} = 10(-x + y)$$

$$\frac{\mathrm{d}y}{\mathrm{d}t} = 28x - y + xz$$

$$\frac{\mathrm{d}z}{\mathrm{d}t}=xy-\frac{8}{3}z$$

洛伦茨把这个方程组作为大气对流模型，用计算机做数值计算，观察这个系统的演化行为. 终于有一天他看到了一个奇异的现象.

那是1961年冬季的一天，他先算出了一个解，还想观察更长时间的演化情况. 这次他没有重新输入初始值，而是把中间值作为初值输入以节省运算时间，然后他下楼去喝咖啡. 当他回到机房取结果时，却惊奇地发现，新一轮运行并未按预想的那样去重复旧运行的后一半. 两条曲线渐行渐远，直到完全分道扬镳.

起初，他以为是计算机出了故障. 但他很快意识到，问题出在他记录并敲入的小数是三位的，而机器内存储使用的是六位的. 这个不到千分之一的误差导致了截然不同的演化结果，表明最初小小的误差可以产生两种完全不同的“天气”. 这正是混沌对初始条件的敏感依赖性. 洛伦茨后来把它称为“蝴蝶效应”，并通俗地比喻为：一只蝴蝶在巴西煽动翅膀会在得克萨斯引起一场龙卷风.

1963年，他把第一篇题为《确定性非周期性》的论文发表在美国的《大气科学杂志》，以巨大的勇气向传统理论提出了挑战,揭示了计算机模拟结果的真实意义,在耗散系统中首先发现了混沌运动.

物理上将动力学系统分为保守系统和耗散系统. 如果系统中不存在摩擦、粘滞等因素,运动过程中能量守恒,这类系统称为保守系统;如果系统中有摩擦、粘滞性的扩散或热传导性质的过程,在运动过程中消耗能量,系统的能量不能保持恒定不变,这样的系统称为耗散系统. 庞加莱研究三体运动时在保守系统中已发现了混沌,而洛伦茨则是在耗散系统中发现混沌的第一人.

洛伦茨的模型是一个理想的模型,他把一组对流方程简化到只剩下了骨架,除了非线性之外,几乎什么也没有剩下. 这也许是他作为一个数学家的数学思维发挥了根本作用,因为这样的模型更能定性地说明气象的本质. 如果采用更能确切地刻画系统特点的高阶微分方程,那么数值结果的无规行为,就会被归咎于方程的复杂,因而不便发现混沌. 洛伦茨的简单化数学处理,让人们从最简单的模型观察到奇怪、复杂的行为,并理所当然地承认,这种不确定行为源自确定性系统产生的内在随机性. 著名的英国数学家伊恩·斯图尔特总结说:“多数科学家对那些削去部分的作用忧心忡忡,他们未理解,洛伦茨根本不在意他的方程是否有物理意义. 洛伦茨打开了通往一个新世界的大门.”

他还揭示了一系列混沌运动的基本特征,如非周期性、对初值的敏感依赖性、长期行为的不可预测性等,其中最值得一提的是洛伦茨吸引子. 当年洛伦茨在自己的论文中附了一张图,是一条十分复杂的曲线,20 世纪 80 年代人们开始越来越普遍地认识到混沌时,才注意到这就是后来所谓的奇异吸引子,就将其称为洛伦茨吸引子. 他当时画的那条曲线也像我们这里给出的一样分左右两叶,不同的是左叶只画出五道环,右叶才画两道环. 但仅这七个环线,洛伦茨就进行了 500 次数值计算. 右图是进一步画下去的结果. 虽然当时他的计算机很难给出这个图像的全貌,但他看到的比画出的要多. 这是一种双螺旋,像一只蝴蝶的翅膀,两翼的曲线巧妙地交织着,但永远不会自交,因为一旦自交,此后的运动就会按周期重复. 在有限的范围内永不重复,无限地向纵深卷曲,正是这个吸引子的美妙之处(图 4).

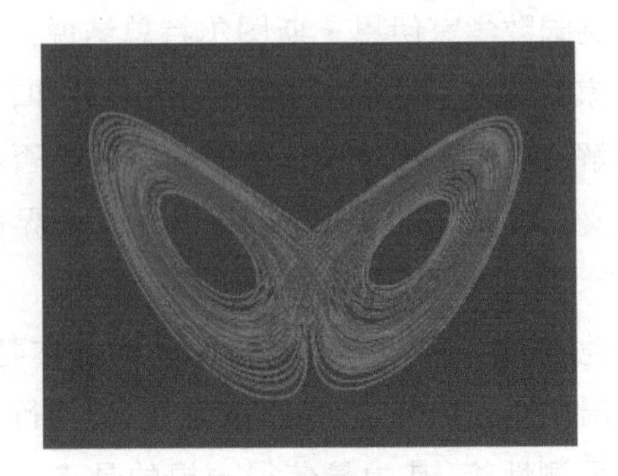

图 4　洛伦茨吸引子

一般来说，产生混沌的系统具有整体稳定性. 但与有序态比较，混沌态的不同在于它同时还有局部不稳定性. 所谓局部不稳定性是指系统运动的某些方面(如某些维度上)的行为强烈地依赖于初始条件. 从两个非常接近的初值出发的两条轨线在经过长时间演化之后，可能变得相距“足够”远，表现出对初值的极端敏感. 即所谓“失之毫厘，谬以千里”. 洛伦茨称这种现象为“蝴蝶效应”. 正因为具有内在随机性的系统对初值的极端敏感，系统的长期行为才不可预测.

混沌的发现预示着一场新的科学思想的革命. 有趣的是这个革命的幕后也有一种另外意义的“非欧几何”. 如前所述，长期以来，人们一直在使用欧几里得几何方法,对复杂的对象进行简化和抽象,建立起各种理想模型(几乎都是线性的),把问题纳入可解的范畴. 对这种模式,由于从中学到大学的不断熏陶,人们已经习以为常. 这种近似处理方法,在许多情况下是卓有成效的,从而在科学上取得了丰硕的成果. 然而,环顾四周,自然界的各种事物大都是不规则的. 正如曼德勃罗所说:"云团不是球形,山峦不是锥形,海岸线不是圆的,树皮不是光的,闪电不会沿直线行进."复杂世界需要更贴近自然的几何学. 而分形正是直接从非线性复杂系统本身入手,从未经简化和抽象的对象本身去认识其内在的规律性. 因此,分形几何与传统的欧氏几何相比,可以说是更贴近自然界的几何学.

什么是分形呢? 事实上,目前对分形还没有严格的数学定义,只能给出描述性的定义. 粗略地说,**分形是对没有特征长度**(所谓特征长度,是指所考虑的集合对象所含有的各种长度的代表者,例如一个球,可用它的半径作为它的特征长度),**但具有一定意义下的自相似图形和结构的总称**. 例如,科克曲线(图 5)和康托尔集都是分形. 与欧几里得几何不同,分形几何中

图 5

没有像点、线、圆这样的基本元素. 应该说它首先是一种几何语言,是由算法及程序来描述的,并可借助计算机转换成几何形态. 由于分形的自相似性,这些算法中多有递归、迭代的特点.

从 1978 年开始,曼德勃罗等人开始研究在非线性变换(即允许比简单放大与平移更复杂的操作如平方、立方等)下保持不变的分形. 他们利用计算机来产生这样的分形图形,并研究它们的性质,又发现了混沌现象,导致了混沌动力学的建立.

在曼德勃罗开始研究分形理论时,混沌理论还鲜为人知,他写的《自然界的分形几何学》一书中就没有提到混沌动力学. 但是现在逐渐清楚了,二者实有殊途同归之感. 分形是混沌的几何结构,而混沌则是分形形成和演化的动力学. 在应用中,分形和混沌常常形影不离,比如在湍流的研究中,涡旋的嵌套结构显然是分形. 再如股票价格,上上下下,似乎没什么规律可言,你如果每分每秒盯着它的价格的确看不出什么头绪. 但是,比较一周之内和一个月之内的股价变化,或一年之内的股价变化,就会发现一些共同性,整体和其部分之间存在某种相似性. 就像曼德勃罗说的:"既然分形可用于描述复杂的自然界外形,那么分形能描述复杂的动力学系统的行为也就不足为奇了. 正如以前在有关混沌系列文章中所表明的,模拟液体湍流、天气、昆虫群体的动力学方程式是非线性的,具有典型的决定论混沌性质. 如果对这些方程做迭代——检验它们在超长时间演变时的解——我们发现,许多数学性质,特别是在做计算图示时,显示了其自身是自相似的."总之,分形与混沌有着密切的联系,我们可以用分形定量地刻画混沌,用这种"大自然的几何"来描述世界上复杂的不规则的现象. 分形与混沌,正在引起对牛顿以来的机械决定论自然观和世界观前所未有的挑战,同时将赋予人类认识、改造自然与社会的更强有力的武器!

5 促进艺术的文化激素

数学对人类文化艺术生活的影响,遍及绘画、建筑、音乐和文学诸多方面.

数学本身,按照英国数学家罗素的看法,“不仅拥有真理,而且拥有至高无上的美——一种冷峻严肃的美,就像是一尊雕塑”,并且这种美“能够达到严格的只有最伟大的艺术才能显示的完美境界”. 数学之美是抽象的、简洁的、内在的,是逻辑形式与结构的完美. 然而,正是这种以简洁与形式完美为目标的追求,使数学成为人类艺术发展的激素. 几千年来,一些抽象的数学概念,始终是艺术创作永不枯竭的美的源泉.

绘画与建筑艺术中的数学

先让我们来看两幅画:一幅是中世纪的油画(图6),明显没有远近空间的感觉,显得笔法幼稚,有点像幼儿园孩子的作品;另一幅是文艺

图6

复兴时代的油画(图7),同样有船、人,但远近分明,立体感很强. 为什么会有这样鲜明的对比和本质的变化呢? 这中间究竟发生了什么? 很简单,数学! 这中间数学进入了绘画艺术. 我们知道,中世纪宗教绘画具有象征性和超现实

图 7

性,而到文艺复兴时期,描绘现实世界成为画家们的重要目标. 如何在平面画布上真实地表现三维世界的事物,是这个时代艺术家们的基本课题. 粗略地讲,远小近大会给人以立体感,但远小到什么程度,近大又是什么标准? 这里有严格的数学道理. 文艺复兴时期的数学家和画家们进行了很好的合作,或者说这个时代的画家和数学家常常是一身兼二任,他们探讨了这方面的道理(图 8,15 世纪德国数学家、画家迪勒著作中的插图,图中一位画家正在通过格子板用迪勒的透视方法为模特画像),创立了一门学问——透视学, 同时将透视学应用于绘画而创作出了一幅又一幅伟大的名画作品. 像众所

图 8

周知的达·芬奇的《最后的晚餐》、拉斐尔的《雅典学派》……鲜明的立体感，平面传递空间的概念，无不是运用透视原理与透视美的典范之作．由这些画可以看出从中世纪到文艺复兴中间绘画艺术的变革，可以说是自觉地应用数学的过程．到 1754 年，当透视方法趋于成熟之时，一位英国画家柯尔比写了一本叫《泰勒博士透视方法入门》的透视学著作，此书的卷首扉页插图（图 9），就告诉人们如果不用透视学画出来的画会有多么荒唐．在透视学的基础上又产生了射影几何，在 19 世纪射影几何是最活跃的数学分支，对现代数学产生了深刻的影响．

除了透视，还有对称、黄金分割、分形曲线等数学概念，也都是绘画与建筑等艺术中美的源泉．尤其是对称，作为美的艺术标准，可以说是超越时代和地域的．从中国古代敦煌壁画

图 9

(图10)到荷兰现代画家埃歇尔的作品(图 11),从中国的天坛到印度的泰姬陵,都是完美的对称的杰作. 数学上刻画对称的工具是群,群论是现代数学的重要分支.

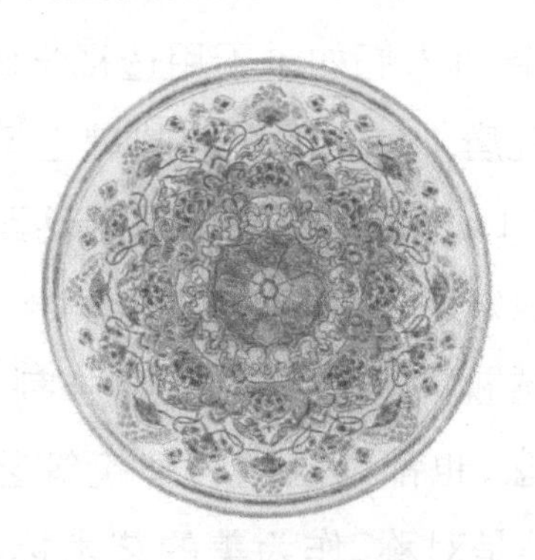

图 10　敦煌壁画:圆光

图 11　埃歇尔:圆的极限

至于黄金分割,它跟艺术的关系更是充满神奇有趣的故事. 让我们从它的定义说起.

通常说一线段被一点分成黄金比例,是指分割后的两条线段之长度,较长者正好是较短者与整个线段的比例中项.

若长段为 ϕ,则 $1-\phi:\phi=\phi:1$,即 $\phi^2+\phi-1=0$,

$$\phi=\frac{\sqrt{5}-1}{2}-0.618033989\cdots$$

这个比值也叫黄金比值或黄金率. 有趣的是,它可以通过许多方式得到,而且表达方式本身就非常优美. 例如,以单位 1 为边长做正五边形,其边长与对角线长之比即是 ϕ. 此外,

$$\phi=\sqrt{2-\sqrt{2+\sqrt{2-\sqrt{2+\sqrt{\cdots}}}}}$$

$$\phi=\cfrac{1}{1+\cfrac{1}{1+\cfrac{1}{1+\cdots}}}$$

$$\phi=\lim_{n\to\infty}\frac{F_n}{F_{n+1}}$$

其中 F_n 为斐波那契数列的通项,这个数列的规律如下:

1,1,2,3,5,8,13,21,34,55,89,144,…

我们只要依次计算这个数列的前项与后项之比,就不难发现这些比值趋向于0.618…. 进一步推敲它们的几何意义,甚至会觉得有些神秘.

如果以这个数列中的相邻两个数字来作矩形的边长,则有下列一串矩形:

1×1,
2×1,
3×2,
5×3,
8×5,
13×8,
21×13,
34×21,
⋮

这样排列更容易看出，每一个矩形的长边是前一个矩形的长、短边之和，这就是说，只要把矩形的长边像荡秋千一样旋转90°“甩直”，就得到下一个矩形的长边. 这有一点像变魔术！这些矩形都是近似的黄金矩形(所谓黄金矩形，就是短边与长边的长度之比为黄金比值的矩形)，而且无限地趋近于黄金矩形，因此在实际使用时可以选择到符合任何精确度要求的黄金矩形.

这个比例常数到底有什么奇特之处呢？人们在长期的生活经验中发现，它的确能反映自然界的某种和谐性. 自然界中许多事物只要符合黄金比例就会给人以赏心悦目之感. 舞台报幕员站在舞台边沿的黄金分割点最显自然得体，不仅在舞台整体中看着和谐，而且声音的传播效果也最好. 把二胡的千斤放在黄金分割点，就会拉出最悦耳的音乐. 自然界中的许多东西是因为对称而美丽，如树叶、蝴蝶、雪花等，但是，也有许多东西并不对称却有一种美丽的均衡，这是一种动态的对称，比如海螺、向日葵等. 在这些动态对称的形状中，也能找到黄金律的影子.

黄金比例的这种美学价值，自古以来就体现在艺术造型中.

远古时期埃及最大的胡夫金字塔在建成之初高 146 米,底边长 132,两者之比非常接近黄金比例. 古希腊文明鼎盛的雅典时代,卫城山岗上耸立的巴特农神殿,其正立面乃至柱檐的各细部,高宽之比都符合黄金律. 其实,有迹象表明,两千多年前的毕达哥拉斯学派就已经对这种分割的性质有所了解,他们在正五边形和正十二面体的作图问题中,不可避免地会遇到这一诱人的比例. 据说,毕达哥拉斯学派的标志,就是由正五边形五条对角线所构成的五角星. 作为毕达哥拉斯学派成果的总结人,欧几里得同时从柏拉图学派的弟子欧多克斯那里继承了新的比例论. 他在其《原本》当中曾多次涉及这种分割所产生的比例. 不过,古代建筑中隐含的黄金分割也许是无意识的,我们暂且把它解释成人类审美直觉的作用,人类在社会实践中对于这种分割的审美价值有着惊人的直觉感受.

然而,历史的车轮行至 16 世纪,达·芬奇的构图思想就再也不仅仅是直觉的结果了. 这位文艺复兴时期的艺术大师和数学家确信:美感完全建立于各部分之间的神圣比例之上. 在他的实践与倡导下,以比例和谐为指导,通过黄

金分割进行构图设计，成为艺术创作中一种流行至今的思想. 难怪荷兰现代画家蒙德里安说道："在每一幅油画中都能找到黄金分割."

一些具有动态黄金律的技巧自然也可以用于艺术，比如自然界中最常见的一种螺线——黄金分割螺线. 这在达·芬奇等人的作品中都有体现. 如图(图 12)可以看出这种螺线的一个简单画法. 只要画出每个正方形里的四分之一圆弧即成. 另外一种办法就是上面谈到的一串矩形的形成过程中，每次"甩"出长边时同时画出"甩"的轨迹，这些轨迹衔接起来正是一条近似的黄金螺线. 黄金螺线被认为是自然界里最美的螺旋形状，其中的奥妙还在于黄金比例，这

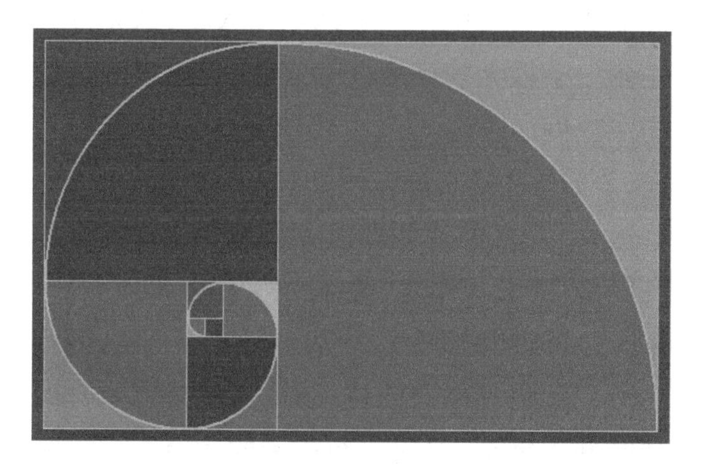

图 12

样的“黄金”尽管埋藏得更深，但我们的直觉还是能清楚地识别出来，这不能不令人感到格外的神奇！

现代建筑艺术中仍然广泛地采用黄金比率. 20 世纪拥有法国国籍的瑞士建筑师勒·科比西耶(Le corbusier)将其与人体尺寸相结合，提出黄金基准尺的概念，并视之现代建筑美的尺度. 他的《Le Modulor》一书是建筑中应用黄金比例的经典指导. 书中例举了许多历代伟大的建筑，有英国伦敦的圣保罗大教堂、温莎城堡、伊拉克的巴格达城门，以及中国的长城等. 勒·科比西耶本人在设计著名的马赛联合公寓时就应用了黄金比例. 建造该公寓的最大愿望是能够在最小单元中容纳众多人口，这无疑会碰到一个很大的问题，即如何制造出最舒适的居住空间. 通常人们主要着重考虑房屋的功能，为的是生活上的方便，但这未必能满足人的舒适感. 勒·科比西耶以人们双手上举的平均高度 2.26 公尺作为“黄金比例”的基准比例尺；整个建筑使用 15 个这种基本尺寸来构筑，而各部分之间也都依此比例设计，虽然公寓本身的功能并不复杂，但简单而和谐的黄金比例却赋与它雄伟气势，使居民有宽大舒适的感受.

医学和美学专家研究发现,人体中有几十个因素和“黄金分割”有关. 比如,肚脐为头顶至脚底的分割点,喉结为头顶至肚脐的分割点;躯干轮廓、头部轮廓、口唇轮廓都构成“黄金矩形”;还有一些“黄金三角”. 当然,这些规律都是一种统计规律,个体的差异肯定是有的,这些数据至少可以为美容提供一些依据.

现代艺术中有一支突起的异军,是所谓“分形艺术”. 分形曲线即自相似曲线,其最简单的模型是所谓雪花曲线,也就是前面已介绍过的科克曲线. 这种曲线可以从一个正三角形各边无限三等分折曲而得. 通过计算机迭代可以得到更为复杂的分形图形. 分形几何是描述不规则现象的数学工具,而在计算机上产生出来的千变万化、美妙神奇的分形图案,正在给人们带来高度的现代艺术享受(图 13,图 14). 分形几何虽是 20 世纪 80 年代才问世的很年轻的数学分支,但是它所呈现的无穷玄机和美感引发人们去探索,其中的许多研究成果已经对文化产生重要影响,而且已被看作是新的艺术形式. 有些分形是对真实的模拟,而另一些却完全是虚构和抽象的. 数学家和艺术家出乎意料地看到了这样一种文化上的相互作用,觉悟到了科

图 13 分形艺术杰作:山景

图 14 分形艺术杰作:行星的升起

学与艺术的融合,数学与艺术审美上的统一.数学在这里不再仅仅是抽象的东西,也可以是具体的感受;不再仅仅是揭示一类存在,而是一种艺术创作,分形搭起了科学与艺术的桥梁.分形可以创造出人世间从未有过的绚丽多彩、奇妙无比的景象,因此这种图形艺术可以以多种形式应用到美术领域. 可以用传统的绘画形式展现出来,包括出版物的装帧设计和广告制作等;也可以表现为时装装饰艺术或建筑装饰艺术,这些事情都已经在做了. 还可以做成连续的动画,以影视作品的形式演播出来. 分形在电影事业中大显身手的时间可能不会太远了. ①

数学与音乐

早在公元前 500 年,毕达哥拉斯就发现了音乐中的和声与整数比的关系,他注意到振动弦的长度与原弦长之比为整数比时,发出的声音为和声. 事实上,每一种和声能表示为整数比;反过来,整数比的变化可以产生全部的音阶. 从一根产生 C 音调的弦开始,C 的长度的$\frac{16}{15}$给出 B 调,C 的长度的$\frac{6}{5}$给出 A 调,C 的$\frac{4}{3}$给

① Peitgen H O, Juegens H, Saupe D. Chaos and Fractals-New Frontiers of Science. Springer-Verlag, 1992.

出G调,C 的$\frac{3}{2}$给出 F 调,C 的$\frac{8}{5}$给出 E 调,C 的$\frac{16}{9}$给出 D 调,C 的$\frac{2}{1}$给出低音 C 调.

在近代,对乐声本质进行研究的代表当推 19 世纪法国数学家傅里叶. 他证明了所有的乐声——不管是器乐还是声乐——都能用数学表达式来描述,它们是一些简单的正弦周期函数的和. 音调、音量和音色,分别与曲线的频率、振幅和形状有关. 这些结论可以用于乐器的制作和电子音乐的再生. 比如制作乐器可以通过比较乐声的图象与理想音乐的图象来进行调试改进.

此外,许多乐器的外型都做成指数曲线的形状,这并不是随意的而是由生律法决定的. 十二平均律是国际通行的律制之一,一般键盘乐器都使用这种乐律,就是把一个音阶(即一个从 C 到 C^1 的八度音)分成十二个半音,使相邻两个半音的频率比是常数. 这样用数学公式表达出来,各个半音的频率就成为这个常数的指数函数. 这就是为什么我们看到的台式钢琴或管风琴的轮廓都是指数曲线型的原因.

新生的分形理论应用到音乐上也十分有趣. 有人曾研究过多种音乐(包括各个国民间

音乐)的频谱特征,发现音乐与分形有天然的联系.普利策奖获得者、作曲家沃瑞恩(C. Wuorinen)受分形创始人曼德勃罗著作的启发,用迭代的办法作曲,其中《和谐的班波拉》于 1984 年由纽约交响乐团演奏.许多作曲家都意识到分形思想对于音乐创作的重要性并尝试着创作分形音乐.

音乐与数学的联系远不止这些,他们之间具有更深层次的相通.至少许多数学巨匠谈到过这方面的感受.概括起来,主要是两者共同的美和某种神秘性.号称"不变量之父"的英国数学家西尔维斯特(J. J. Sylvester)在一篇论述牛顿的文章中写道:"难道不可以把音乐描述成感觉的数学,把数学描述成推理的音乐吗?这样,音乐家感受数学,而数学家思考音乐.虽说音乐是梦幻,数学是现实,但当人类的智慧升华到它的完美的境界时,音乐和数学就互相渗透而融为一体了.两者将照耀着未来的莫扎特——狄里克莱或贝多芬——高斯的成长."美国著名的音乐评论人爱德华·罗特斯坦写了一本书,中译本叫《心灵的标符——音乐与数学的内在生命》,试图告诉人们数学是什么,音乐是什么,并探讨他们之间的深层相似.作者有学数学的背景，曾作为一个数学家研究过代数拓扑学、非标准分析等；同时他又精通音乐，长期为《纽约时代》等杂志撰写音乐评论，获得过多种奖项. 就音乐和数学进行对比这个主题而言，要想在一本书里让人明白什么当然很困难，罗特斯坦本人也只说他是在“试着做”，但他的观点和方法确有新颖之处，会使读者对数学和音乐的相似性有新的认识. 这里摘取该书中的几段，或可窥其一斑.

(1) 当我们听贝多芬的交响乐时，每个人的脑子里会联想到不同的东西. 把抽象的音乐和个人的经验结合起来，也就对音乐做出了不同的解释. 在数学中，当我们谈到几何基础中的“点”时，正如希尔伯特所说，可以指“桌子”、“椅子”、“啤酒杯”或任何想要刻画的东西，只要这些元素符合一些假设(公理). 可见两者的抽象性何其相似.

(2) 数学中最在乎相容性，或一致性，即理论体系的无矛盾性. 音乐虽然允许矛盾的东西，但当人们沉浸在其中，总要求它有一个风格，能够经得起一致性解释. “如果一首古典乐曲在演奏中被德彪西印象主义的声音打断，我们就会感到一种不连贯，恰似一种空间被另一种空间穿透.”

(3) 数学和音乐都追求一些“完备”的东西. 在数学中,相容性和完备性都是希尔伯特为公理系统制定的基本原则. 如果两个三角形的三条边分别对应相等,那么它们的角也对应相等. 对于这样一个命题,只要欧几里得几何的公理体系是完备的,就能由之推断其正确与否. 在音乐方面,“完备”将意味着——隐喻地讲——整个乐章“填满”我们的听觉世界.

(4) 数学中的许多结论已不再是最初思想的记录,而是经过形式化处理过的东西. 音乐也有相似之处. “我们通过验证数学的最终结果来理解数学,与我们通过简单地看看乐谱或分析一段音乐经验没多大区别;躲在材料的系统结构底下和背后的是经验.”当然,音乐与数学的最大共同点还是其中包含的美,这种美的实质虽然很难言喻,但是置身其中的人却能够体会到一样的兴奋.

关于数学的内在美

许多数学家推崇数学的内在美. 罗素在

《神秘主义与逻辑》(1918)一书中这样写道:

"公正而论,数学不仅拥有真理,而且拥有至高无上的美."

罗素将数学的美描述成"一种冷峻严肃的美,就像是一尊雕塑". 另一位英国数学家哈代也说过:

"数学家的造型与画家或诗人的造型一样,必须美;概念也像色彩和语言一样,必须和谐一致,不美的数学在世界上是找不到永久地位的……数学的美很难定义,但它却像任何形式的美一样地真实……"

数学之美是抽象的、内在的,我们已经看到,正是这种抽象的、内在的美,怎样成为艺术世界美的源泉. 但数学之美自身,毕竟与画布上的绘画和乐谱中的乐曲不同,不能直接给人以感官的刺激,只有经过长期艰苦探索之后才能领略. 因此,让我们来听听一些科学大师的切身体会将不无启迪.

现代统计物理学奠基人之一、奥地利物理学家玻耳兹曼曾讲述他看到麦克斯韦的一篇论述气体动力学的文章时的感受:

"一个音乐家听几个小节就能认出莫扎特、贝多芬还是舒伯特,同样,一个数学家读几页就能看出是柯西、高斯、雅可比、赫姆霍茨还是基尔霍夫.法国数学家以形式优雅超群,而英国人,特别是麦克斯韦,则具有戏剧性的感觉.例如,谁不知道麦克斯韦关于气体动力学理论的论文……首先是对速度变化的庄严壮丽的论述,然后状态方程从一边进入,有心场中的运动方程从另一边进入.公式的混乱程度越来越高.突然,我们就好像听到定音鼓,鼓锤四击"敲定N=5",邪恶的精灵V(两个分子的相对速度)消失了;就像在音乐中一样,一直突出的低音突然沉寂了,似乎不可超越的东西好像被魔术般的一声鼓鸣超越了……这不是问为何这个或那个代之而起的时候.如果你不能与那音乐一道同行同止,那就把它放在一边吧.麦克斯韦不写注释的标题音乐……一个结果紧随另一个结果,连绵不断,最后,像一阵意外的旋风,热平衡条件和迁移系数的表示式突然出现在我们面前,紧接着幕落了!"

量子力学创始人之一海森伯对发现量子力学的感受也有一段自述:

"一天晚上我达到了这样一点:就要确定能量表(能量矩阵)中的各个单项了……第一项似乎合乎能量守恒原理,我激动不已,于是开始犯无数的算术错误. 结果当我算出最后结果时已是凌晨三点了. 能量守恒原理对于所有的项都成立,我不能再怀疑我的计算显示的那种量子力学的数学一致性和协调性. 起先,我惊得目瞪口呆. 我感到我透过原子现象的表面看到了奇美无比的内景,想到我现在就要探察自然如此慷慨地展列在我面前的数学结构之财富,我几乎觉得飘飘欲仙了."

广义相对论被外尔誉为思辩力量的最高典范,另有一些数学家称其为现有物理学理论中最壮美的成果,爱因斯坦自己也感叹道:"任何充分理解这个理论的人都很难逃避它的魔力."海森伯感同身受并曾对爱因斯坦讲道:

"当自然把我们引向具有极其简洁而优美的数学形式——形式指一个由假说、公理等构成的融会贯通的系统——一种前所未见的体系时,我们不禁要想到它们是"真的",它们揭示了自然的真实特性……你一定也有这种感想:自然突然在我们面前展现各种关系几乎令人生畏的简洁性和整体性,我们之中没有一个人有丝毫的准备."

数学家有时是凭异常高超的审美直觉决定其理论的去留的. 外尔曾在他的《时间、空间和物质》一书中提出引力度规论，虽然他知道这个理论能否作为统一场论的基础尚属未定之天，但其自身的美妙使他不愿放弃. 许久以后，度规不变性的形式系统被纳入量子电动力学，证明了外尔的本能直觉是完全正确的. 因此，外尔说：

“我的工作是努力把真和美统一起来；如果我不得不在两者中选择其一，我常常选择美.”

读者朋友也许会说，我们毕竟不是科学大师，难以站在如此的高度来欣赏上述数学之美. 这没关系，下面的几例只要具备高中以上数学知识便可以仔细地品味.

陈省身先生讲过一个有趣的故事，说当代数论大师 A. 塞尔伯格声称他喜欢数学的一个缘由，是下面的公式打动了他：

$$\frac{\pi}{4}=1-\frac{1}{3}+\frac{1}{5}-\cdots$$

单数 1,3,5,⋯ 这样的组合可以给出 π. 在他眼里，这个公式宛如一幅美丽的图画或一组迷人的风景.

如果塞氏钟情的公式还不能赢得我们大家的认同，那么下面的欧拉公式却为许多学过数学的人所津津乐道：

$$e^{\pi i}+1=0.$$

欧拉是18世纪最伟大的数学家,也是古今科学家中最多产的一个. 他在数学分析中的贡献无人能比. 有一种说法,说自1748年以后,所有的微积分教科书,基本上都是沿袭欧拉的,这话的确有一定的道理. 通过他的著作,e,π及i这些记号才在所有数学家中间广泛流行,是他把这三个看起来不相干的符号联系在上述令人叫绝的关系式里,这是他的著名公式 $e^{i\theta}=\cos\theta+i\sin\theta$ 的一个特例. 前苏联数学家鲁金在谈到欧拉时说:"欧拉的洞察力是那样深邃,无论多么复杂深奥的公式,在他的威力面前都得规规矩矩地献出一切……他可以本能地直接感觉到公式里的真理与虚假,他调遣公式的技巧,对公式进行数量上的评估和变换的功夫,对结果的本质瞬间猜中的本领,都令人叹为观止. 可以毫不夸张地说,在欧拉眼里,数学公式本身自始至终都充满了生命力,讲述着有关自然现象的最深刻的东西. 只要他一碰到公式,就能使公式由'哑巴'变成会说话的人,并能作出饱含深邃含义的回答."

欧拉本人就非常喜欢上面这个公式. 这个式子有0,1分别是加法和乘法的单位元素,还有三种运算——加、乘和乘方．两个特别的数：自然对数的底 e 和圆周率 π，再加上这个虚数单位 i．这个公式也成为林德曼（Lindemann，1952～1939）在 1882 年证明 π 是超越数的工具，从此也结束了自古以来尺规化圆为方的宿梦．公式中出现的几个符号本身都是数学史上的经典之作，单看它们面世的顺序，就可展开一部浓缩的数学史．而随着数学知识的丰富，我们对这个公式之美妙感受也在加深．难怪欧拉宣称这是最美丽的数学公式，他热爱这个美丽的公式以至于将它刻在了皇家科学院的大门上．

结　语

以上我们从几个方面简要分析了数学的价值. 需要说明的是,我们的意思决不是要说数学是万能的. 数学是人类博大浩瀚的文化宝库的一个组成部分,其发展是在人类整个文化的总背景下进行的,它影响别种文化领域的发展,同时也必然受着其他文化的影响. 不过从上述提纲挈领的介绍可以知道,数学是人类历史上最古老的和经久不衰的一种文化,数学作为一种文化所具有的特点,决定了其价值所在和力量所在. 在 1994 年国际数学家大会开幕式上瑞士一位科学部长所作的评述是意味深长的:

"我同意并确信,作为现代世界的一个基本组成部分是需要有数学思维的. 历史上,数学曾是打开启蒙运动大门的钥匙. 今天,纯粹数学仍然可以被认为是逻辑思维圣盘的监护人."

“A. Borel 阐述道:‘数学如同一座冰山:沉没在水面之下的、不为公众所见的是纯粹数学的领域,而漂浮于水面之上的、可以看见的顶部则称为应用数学.’”

“J. Moser 还说:‘……对数学发现的重要性的认识往往需要经历较长的时间,必须经历 20 年或者更长时间. 不幸的是政治家们总是想要见到非常短期的效果.’”

“肯定不只是政治家,整个社会都是这样. 在当今时代,我们对生活中的每件事都追求越来越短的周转期. 我们想让投资立即回收,想要得到及时的信息. 技术的寿命也愈缩愈短,效率和速度已成为判定人类任何一项活动的基本准则. 然而,这是危险的,因为目光太短浅了.”

“在这种环境当中,非常重要的一点是继续承认:知识是一种体现在其自身之中的价值,数学、哲学或是任何一项基础研究的发展都依赖着这条基本原理. 它是我们文明的一个重要组成部分. 一旦我们忘了它,我们就损害了自己进步的根源.”